Wildrosen und Weißdorne Mitteleuropas

von Georg Timmermann † und Theo Müller

AF625446

Wildrosen und Weißdorne Mitteleuropas

Landschaftsgerechte Sträucher und Bäume

von Georg Timmermann † und Theo Müller
mit einem Geleitwort von Prof. Stefan Ruge

Verlag des Schwäbischen Albvereins e. V.

Schriftleitung und Herausgeber: Theo Müller
Autoren:
Regierungsschuldirektor a. D. Georg Timmermann †
Prof. a. D. Dr. rer. nat. Theo Müller

Titelfoto: Wein-Rose, Foto: Peter Banzhaf
Abbildung auf Seite 2: Vogesen-Rose, Foto: Theo Müller

3., bearbeitete, ergänzte und neu gestaltete Auflage 2016
© Verlag des Schwäbischen Albvereins e. V. Stuttgart, 2016
www.schwaebischer-albverein.de

Das Werk ist urheberrechtlich geschützt. Jede Verwendung außerhalb der engen Grenzen des Urheberrechtsgesetzes ist ohne Zustimmung des Herausgebers unzulässig. Das gilt insbesondere für Vervielfältigungen, Übersetzungen, Mikroverfilmung und die Einspeicherung und Verarbeitung in elektronischen bzw. digitalen Systemen.

Gestaltung und Bildredaktion:
Verena Mueller | www.mueller-gaida.de
Druck:
Metzgerdruck GmbH | www.metzgerdruck.de
Printed in Germany

ISBN 978-3-920-80189-6

Inhaltsverzeichnis

Aus dem Geleitwort zur 1. Auflage

Wildrosen und Weißdorne sind ökologisch besonders bedeutsame Glieder unserer Hecken und Waldmäntel. An sie sind zahlreiche Tiere, insbesondere Insekten, gebunden. So häufig wie Wildrosen und Weißdorne in manchen Landschaften, so vor allem in den Kalkgebieten des Muschelkalks und Juras, verbreitet sind, so gering ist vielfach die Kenntnis dieser Arten. Dies liegt zum einen daran, dass die Arten dieser Gattungen manchmal nicht ganz einfach zu bestimmen sind, zum anderen aber auch an mangelnder geeigneter Bestimmungsliteratur, die sich zusätzlich oft in für den Laien kaum zugänglichen Spezialabhandlungen findet. Hier möchte das vorliegende Büchlein Abhilfe schaffen und jedem Naturfreund anhand von Bestimmungsschlüsseln, Zeichnungen und Farbfotos ermöglichen, die einzelnen Arten anzusprechen.
In einer Zeit, in der man allgemein umweltbewusster geworden ist, sollte man bei Pflanzungen in der freien Landschaft auch die richtigen Strauch- und Baumarten verwenden. Leider besteht darüber nach wie vor ziemlich Unklarheit. Im Anschluss an die Beschreibungen der Wildrosen und Weißdorne wird deshalb eine Liste vorgelegt, aus der die für Pflanzungen in der freien Landschaft in Frage kommenden Strauch- und Baumarten sowie deren Standortsansprüche entnommen werden können. Wir hoffen, damit einem von vielen Seiten der Praktiker geäußerten Wunsche entgegenzukommen.

Stuttgart, im Frühjahr 1994
Peter Stoll
Präsident des Schwäbischen Albvereins

Forstpräsident i. R. Peter Stoll war seit 2001 Ehrenpräsident des Schwäbischen Albvereins und ist im Herbst 2015 verstorben.

Zum Geleit

Hätte der Mensch niemals in unsere Waldvegetation eingegriffen, wären große Teile Europas mit dichtem Wald bedeckt, in Westeuropa vor allem mit schattenspendenden Rot-Buchen-Mischwäldern.
Vor rund 7.500 Jahren begannen unsere Vorfahren mit ersten Rodungen und öffneten damit die Landschaft. Dieser Prozess dauerte bis Ende des 18., Anfang des 19. Jahrhunderts an. Um diese Jahrhundertwende war unsere Landschaft maximal geöffnet und lichtliebende Pflanzenarten konnten sich ausbreiten. Sicherlich gab es über die Jahrhunderte auch durch Kriege und Krankheiten, vor allem die Pest, erhebliche Bevölkerungsrückgänge, wodurch sich Wälder wieder ausbreiten konnten; es entstanden sogenannte Wüstungen.
Durch diese Rodungstätigkeiten konnten auch die Wildrosen- und Weißdorn-Arten ihr Areal erheblich erweitern. Mit den großen Aufforstungen zu Beginn des 19. Jahrhunderts und Aufgabe der Nieder- und Mittelwaldbewirtschaftung schlossen sich die Wälder wieder und Weißdorne und Wildrosen wurden auf Waldsäume, Hangkanten, Felsbänder und Lesesteinriegel abgedrängt. Einige wenige Wildrosen-Arten, wie die Kriechende Rose (*Rosa arvensis*), ertragen auch Halbschatten und konnten sich in nicht zu dunklen Wäldern halten. Auch die Weißdorne können sich in geschlossenen Rot-Buchen-Wäldern nicht behaupten, dagegen sehr wohl überall dort, wo die Rot-Buche fehlt oder in ihrer Konkurrenzkraft zurücktritt, zum Beispiel in der Hartholzaue oder in Trockenwäldern.
Heute gibt es rund 30 Wildrosen- und 9 Weißdorn-Arten und Weißdornsippen in Deutschland.
Über die Jahrtausende hatten Weißdorne und Wildrosen für die Menschen große Bedeutung. Durch ihre Dornen bzw. Stacheln konnten sie landwirtschaftlich genutzte Flächen einhegen, daher der Name »Hagebutte« oder auch »behaglich«, wo sich der Mensch geschützt fühlt. Darüber hinaus bieten sie Vitamin-C reiche Früchte, bieten Menschen und Tieren Nahrung, haben Heilwirkungen und große ökologische Bedeutung durch Insektenbestäubung (Weißdorne) oder als Lebensraum für viele Insekten- und Vogelarten.
Heute gilt es, lichte und halblichte Strukturen in unserer Landschaft zu erhalten, um somit auch Hecken mit Wildrosen und Weißdornen zu bewahren. Wer sich mit Heckenpflege beschäftigt, muss auch die Arten kennen, die in ihnen vorkommen.

Es ist das besondere Verdienst von Georg Timmermann und Theo Müller, bereits 1994 die erste Auflage des Büchleins »Wildrosen und Weißdorne Mitteleuropas – Landschaftsgerechte Sträucher und Bäume« verfasst zu haben; bereits 1997 erschien die 2. Auflage.
Nunmehr folgt die 3. Auflage, mit vielen neuen Fotos illustriert und ergänzt um neueste ökologische sowie taxonomische Erkenntnisse.

Möge das Büchlein viele Wildrosen- und Weißdorn-Freunde auf Streifzügen durch die Natur begleiten und somit indirekt durch Kenntnis der Arten zu deren Erhalt beitragen.

Rottenburg, im Frühjahr 2016
Stefan Ruge, Professor für Botanik und Waldbau-Grundlagen
Betreuer des Albverein-Rosariums auf dem Äuble in Rottenburg a. N.

1. Einleitung (von Theo Müller)

Wildrosen und Weißdorne findet man zum Teil in mehr oder weniger lichten Wäldern, an Waldrändern, in Waldmänteln, vor allem aber an Feldrainen, an Böschungen und auf Steinriegeln, an Hang- und Felskanten, in Gesträuchen und Gebüschen, in Hecken und Feldgehölzen. Diese sind landschaftsprägende Ökosysteme mit meist vielseitiger Pflanzen- und Tierwelt. Sie gliedern und verbinden die Fluren, verleihen der Landschaft ihr unverwechselbares Gesicht, geben Geborgenheit und Heimat für vielerlei Getier, nicht zuletzt dem Menschen selbst, der sich hier nicht so verloren fühlt wie in der Weite einer ungegliederten Agrarlandschaft. Sie kommen auch auf nicht mehr beweideten und deshalb zunehmend zuwachsenden Heiden sowie auf brachgefallenen Wiesen, Äckern und Weinbergen vor. Gelegentlich treten Hecken auch als sogenannte »Häger« (Hag = Zaun; vgl. dazu die Hag-Buche, die Hagebutte, der Hag-Dorn) auf, d.h. als vom Mensch angelegter Zaun.
Gesträuche, Gebüsche, Hecken und Feldgehölze wiesen auf verhältnismäßig kleinem Raum eine besonders große Strukturvielfalt auf und bieten damit zahlreichen Tieren Lebensmöglichkeiten (mehr oder weniger ungestörten Lebensraum, tages- und jahreszeitlicher Teillebensraum, Nahrungs- und Fortpflanzungsraum). Aufgebaut werden sie in erster Linie von lichtbedürftigen Sträuchern, die in geschlossenen Wäldern mangels Licht nicht gedeihen können. Am Waldrand dagegen, wo es für sie genügend Licht gibt, können sie reichlich aufkommen und den Stammraum der Bäume umhüllende »Mantelgesellschaften« bilden, sofern die Waldbäume am Waldrand nicht tief beastet sind und damit selbst ihren Waldmantel formen wie z.B. Rot-Buche, Tanne und Fichte.
Wir müssen davon ausgehen, dass es bereits in der Naturlandschaft begrenzt Waldränder mit Strauchmänteln gab, sei es an lokalen Waldgrenzen (Flüsse, Seen, Felsen, Steinschutthalden, Geländekanten usw.), sei es an klimatischen, auch lokalklimatischen Waldgrenzen (bedingt durch Kälte, Hitze, Trockenheit) oder seien sie durch Naturkatastrophen (Brand, Windwurf, Schneebruch, Lawinen, Steinschlag usw.) verursacht. Im Gegensatz zur Naturlandschaft sind in der Kulturlandschaft infolge der menschlichen Tätigkeit und des damit gegebenen häufigen Wechsels von Wald und Kulturland (Wiese, Weide, Acker, Weinberg) Waldränder mit den dazugehörenden Mantelgesellschaften aus Sträuchern wesentlich häufiger. Dabei stellen die in der Kulturlandschaft vorkommenden Hecken und Gebüsche nichts anderes als sozusagen »verselbstständigte« Waldmäntel ohne Waldanteil dar.

Die Sträucher schließen in den Waldmänteln, Gebüschen und Hecken meist dicht zusammen, sind am Rande bis zur Erde beblättert, begrünen sich früh im Jahr und lassen so nur sehr wenig Licht auf den Boden dringen, so dass Baum-Jungwuchs kaum aufkommen kann. Deshalb herrschen hier die Sträucher vor, so vor allem, wenn sie in mehr oder weniger regelmäßigem Turnus (ca. alle 10–15 Jahre) auf den Stock gesetzt werden. Bäume können unter Umständen vereinzelt eingestreut sein, spielen aber keine wesentliche Rolle. In manchen, sehr lange nicht mehr auf den Stock gesetzten und deshalb »durchgewachsenen« Hecken und Gebüschen – wie es heute weithin der Fall ist, da die Nutzungsanforderung zur Gewinnung von Reisig nicht mehr gegeben ist – können sie allerdings das Erscheinungsbild in diesen »Baumhecken« bestimmen und die tierökologisch so bedeutsamen Sträucher zurück- oder sogar ganz verdrängen.

Im Allgemeinen sind die Hecken, Gebüsche und Waldmäntel mehr oder weniger artenreich zusammengesetzt, wobei der Reichtum an Straucharten vielfach überschätzt wird. Dort allerdings, wo sie in sehr kurzen Abständen (z. B. alle 5 Jahre) auf den Stock gesetzt werden bzw. wurden, oder wo sie früher regelmäßig abgebrannt wurden, sind sie extrem artenarm, da nur wenige Arten diese Beanspruchung aushalten. Besonders reichlich vertreten sind Wildrosen und Weißdorne, vor allem in »Kalkgebieten«, gebietsweise, so in den »Silikatgebieten«, auch Brombeeren. Insofern bieten sich gerade die beiden Gattungen der Rosen *(Rosa)* und der Weißdorne *(Crataegus)* sowie die Brombeeren-Gruppe *(Rubus fruticosus* grp.*)* geradezu als Zeiger für die Beurteilung der Diversität von Gebüschen und Hecken an. Da die Arten der beiden Gattungen und der Brombeeren-Gruppe vielseitig mit verschiedensten Tieren verbunden sind, kann davon ausgegangen werden, dass mit ihrer Vielfalt auch eine vielfältige Tierwelt erfasst wird. Im Gegensatz zu den anderen vorkommenden Straucharten, die für jeden Naturfreund leicht erkennbar sind, bereiten gerade die Vertreter der Rosen, Weißdorne und Brombeeren beim Bestimmen gewisse Schwierigkeiten, weshalb über ihre Häufigkeit und Verbreitung meistens verhältnismäßig wenig bekannt ist.
Diesem Mangel möchte das vorliegende Buch wenigstens für die Rosen und Weißdorne abhelfen, eine entsprechende Behandlung der Brombeeren würde allerdings den gegebenen Rahmen sprengen.

Der Beschreibung der einzelnen Rosen- und Weißdorn-Arten vorangestellt sind einführende Abschnitte über die Gattungen *Rosa* und *Crataegus* und Bestimmungsschlüssel, die den Naturfreund in die Lage versetzten sollen, die Arten selbst zu erkennen und damit zur weiteren Kenntnis des Vorkommens und der Verbreitung unserer heimischen Wildrosen und Weißdorne beitragen zu können. Neben den alternativ zu beantwortenden Fragen in den Bestimmungsschlüsseln sind zur Erleichterung der Bestimmung Zeichnungen und Farbfotografien beigefügt. Der Verfasser ist dankbar, wenn ihm Fundorte von sicher bestimmten Rosen und Weißdornen mitgeteilt werden.

Leider sind im Gefolge der Intensivierung der Landwirtschaft in den letzten Jahrzehnten in manchen Gemarkungen Hecken und Gebüsche weitestgehend verschwunden. Aber selbst dort, wo in bester Absicht für beseitigte »alte« Hecken »neue« gepflanzt wurden, ergeben sich zwischen beiden deutliche Unterschiede. Im Vergleich zu den »altgewachsenen«, oft über Jahrzehnte oder Jahrhunderte hinweg bestehenden Hecken sind oft die »neuen« teils artenverarmt – statt verschiedener Weißdorne nur der Eingrifflige Weißdorn, statt verschiedener Rosen nur die Hunds-Rose oder die Rotblättrige Rose oder gar die Kartoffel-Rose –, teils in ihrem Artenbestand verändert, um nicht zu sagen verfremdet (Rotblättrige Rose, Kartoffel-Rose, Hänge-Birke, Grau- und Schwarz-Erle, Kübler-Weide, Schwedische Mehlbeere, Sanddorn usw., alles Arten, die in den alten Feldhecken nicht vorkommen). Es ist kaum einzusehen, warum schönste einheimische Bäume und Sträucher wie die Mehlbeere oder die Sal-Weide durch die Fremdlinge Schwedische Mehlbeere und Kübler-Weide ersetzt oder warum überhaupt die in manchen Landschaften gebietsfremden Arten wie Grau-Erle und Sanddorn verwendet werden müssen. Dies gilt aber nicht nur für Heckenpflanzungen, sondern ganz allgemein für die verschiedensten Pflanzungen in der Landschaft, sei es an Straßen und Wegen, an Wanderparkplätzen oder sonstigen hervorgehobenen Stellen. Hier werden zunehmend anstelle unserer heimischen Wildrosen *Rosa blanda* (Eschen-Rose), *Rosa multiflora* (Büschel-Rose), *Rosa nitida* (Glanz-Rose), *Rosa rugosa* (Kartoffel-Rose), *Rosa virginiana (lucida)* (Virginische Heckenrose), usw., verschiedene Cotoneaster-Arten, Ölweide *(Elaeagnus angustifolia)*, Schneebeeren *(Symphoricarpus spec.)*, Weigelia-Arten, Forsythien, statt unserer heimischen Arten Wolliger Schneeball und Rote Heckenkirsche die fremdländischen Arten Runzelblättriger Schneeball *(Viburnum rhytidophyllum)* und Tatarische Heckenkirsche *(Lonicera tatarica)* sowie eben überall Grau-Erle, Sanddorn, Rotblättrige Rose oder Kornelkirschen gepflanzt. Soll, nachdem unsere Dörfer ihr Gesicht, ihren eigenständigen Charakter weithin verloren haben und nivelliert worden sind, nun auch unsere heimische Pflanzenwelt in der Landschaft gleichgeschaltet werden?

Deshalb sollte man künftig im Interesse eines ausgewogenen Landschaftshaushalts und einer harmonischen Kulturlandschaft, die zugleich ansprechende Heimat für den Menschen sein kann und soll, darauf achten, dass in Markungen mit Gebüschen und Hecken das ökologische Kapital der «altgewachsenen« Hecken möglichst erhalten und nicht durch wenige »neue Kunst-Hecken« ersetzt wird. Müssen aus wirklich zwingenden Gründen – meist sind diese nicht »zwingend«, sondern es wird nur der Nothelfer vieler Techniker »St. Sachzwang« vorgeschützt – Hecken entfernt werden, so ist zu prüfen, ob diese nicht an andere Stellen verpflanzt werden können. Scheidet auch diese Möglichkeit aus und entschließt man sich zu einer Neupflanzung, dann sind – wie überhaupt bei allen Pflanzungen in der freien Landschaft – für die Auswahl der Pflanzungen folgende Kriterien anzuwenden:

- <u>Nur einheimische Arten</u>, d. h. keine Arten aus anderen Ländern oder Erdteilen verwenden, die dann unter Umständen hier verwildern und einheimische Arten verdrängen können (siehe das Vordringen des Indischen Springkrauts, der Topinambur, der Kanadischen und der Späten Goldrute, des Riesen-Bärenklaus oder heute das Verwildern der Büschel-Rose).

- <u>Nur standortgerechte Arten</u>, d. h. nur Arten verwenden, die den am Pflanzort herrschenden Standortverhältnissen (Boden, Wasser, Klima) gewachsen sind.

- <u>Nur landschaftsgerechte (arealgerechte) Arten</u>, d. h. nur Arten verwenden, die in den betreffenden Einzellandschaften natürlicherweise vorkommen: nicht alle Pflanzenarten kommen überall vor, sondern sie weisen eine bestimmte Verbreitung (Areal) auf, sie besitzen also durchaus natürliche Verbreitungsgrenzen und -lücken. So ist zum Beispiel der Sanddorn zwar durchaus einheimisch, auf mehr oder weniger trockenen Kalkböden auch standortgerecht, aber außerhalb von Schotterböden der Alpen und des Alpenvorlandes sowie von Dünen der Nord- und Ostseeküste nicht landschaftsgerecht; ebenso ist die Kornelkirsche in Baden-Württemberg wie auch in weiten Teilen der Bundesrepublik Deutschland nicht landschaftsgerecht, da sie hier nicht wild vorkommt.

Da über die Auswahl von Baum- und Straucharten für die Pflanzungen in der freien Landschaft nach wie vor viel Unklarheit besteht, wird in Kapitel 4 eine entsprechende Liste gebracht. In dieser können allerdings die Areale einzelner Arten nicht dargestellt, sondern nur darauf hingewiesen werden, dass manche ein begrenztes Areal besitzen, auf das geachtet werden muss.

Vielseitigen Dank habe ich abzustatten. Das gilt zunächst für Frau Dipl. Designerin Verena Mueller, die das Buch vollkommen neu gestaltet und auch Fotos beigesteuert hat. Weiter gilt er für die Fotografen, die Fotos zur Verfügung gestellt haben. Da sind zu nennen Herr Prof. Stefan Ruge, der auch ehrenamtlich das Albverein-Rosarium betreut, ferner Herr Dipl. Biologe Peter Banzhaf, Herr Lukas Stempin, Herr Dr. Michael Hassler und Herr Dipl.Ing. Urs Müller-Meßner.
Das Albverein-Rosarium in Rottenburg wurde 1988 von dem 2008 verstorbenen Regierungsschuldirektor Georg Timmermann angelegt. Von ihm als exzellentem Rosenkenner und -liebhaber stammen Text und Zeichungen zu den Rosen in diesem Buch, die wir wie auch einige Fots unverändert aus der 2. Auflage des Buches übernommen haben. Im Gedenken sind wir ihm für alles weiterhin dankbar.

2. Wildrosen (von Georg Timmermann †)

Wildrosen in der Landschaft entdecken, das kann für den Wanderer zum ganz großen Erlebnis werden, aber kennen sollte er sie! Da stehen die Sträucher, im Juni von Blüten überschüttet, oder im Herbst über und über mit glänzenden Hagebutten beladen! Aber wie heißen sie? Dabei kommen sie, meist höherwüchsig, uns mit ihren Zweigen geradezu entgegen: im Stehen können wir sie prüfen, mit den Augen, der Nase und den Händen. Aber täuschen wir uns nicht! Bis wir uns in der Wildrosenwelt gut auskennen, haben wir manch steinigen Weg zurückzulegen. Dieser Führer will helfen, mit den Wildrosen vertraut zu werden. Sind wir dann sicherer, ist die Freude um so größer, wenn wir andere zu den verborgenen Schätzen an den Wanderwegen hinführen können.

Hermann Christ (1833–1933), der große Schweizer Rosenkenner und Mitbegründer der heutigen Rosenkunde, schrieb 1873 in »Die Rosen der Schweiz«, die Rosen »fliehen« die großen Ebenen und Talauen, sie sind »Hügel- und Bergpflanzen und bedürfen der Nähe des Waldes und nahrungsreicher, befeuchteter Standorte, ...sie lieben starke Besonnung, aber ohne Austrocknung des Bodens«. Das gilt heute in gleicher Weise. Über den Artenreichtum in den verschiedenen Landschaften lesen wir bei ihm dieses: »Fassen wir zuerst die schweizerische Jurakette vom Salève (Genf) bis zum Schaffhauser Hügelland ins Auge, so kann wohl gesagt werden, dass dieses Gebirge der privilegierte Rosengarten Europas ist.« Dieser artenreiche »Rosengarten« findet nördlich des Schaffhauser Randens auf den Höhen der Südwestalb an den Sonnenseiten der Berghänge und der Buche-Tannen-Bergwälder seine farbenfrohe Fortsetzung. In anderen Artenzusammensetzungen führt das Wildrosenband über die Schwäbische Alb mit dem Felsenbirnengebüsch und dem Liguster- und Vogesen-Rosenbusch bis zum Ries. Es findet seine Entsprechung weiter östlich im Fränkischen und Oberpfälzer Alb. Ähnlich vielgestaltig stellt sich die Wildrosenflora im benachbarten Neckar- und Mainland dar. Hier sind es die sonnenseitigen Keuper- und Muschelkalkhänge mit den Waldrändern und Gebüschen, die trotz tiefgreifender Rebflurveränderungen zahlreiche, auch anspruchsvolle Rosenarten tragen.
Eine Hilfe zum Auffinden von Wildrosen-Standorten sind die Wanderwege des Schwäbischen Albvereins im Gebiet des ehemaligen Württemberg. So berührt der Schwäbische Alb-Nordrandweg HW 1 u.a. die Hohe Warte bei Bad Urach mit dem nahen Dettinger Roßberg und den

Dreifaltigkeitsberg bei Spaichingen als zwei Beispiele von artenreichen Wildrosen-Standorten. Der Schwäbische Alb-Südrandweg HW 2 führt durch die Felslandschaft des Donautals. Der besonders lange Main-Neckar-Rhein-Weg HW 3 (Wanderweg Baden Württemberg) leitet den Wanderer über den wildrosenreichen Wurmlinger Kapellenberg, dann durch Rottenburg am Neckar mit dem »Wildrosengarten« der dortigen Albvereins-Ortsgruppe, und schließlich ebenfalls zum Dreifaltigkeitsberg und zum Hohenkarpfen mit ihren Wildrosen.
Durch einen Wanderparkplatz erschlossen ist der Beutenlay bei Münsingen mit zahlreichen Wildrosenarten auf der Schafweide und an Wegrändern.

2.1. Die Erkennungsmerkmale der Wildrosen

Eine Wildrose? Da ist der ganze vor uns stehende Strauch in den Blick zu nehmen: der Wuchs, die Stacheln, die Blätter, die Blütenorgane mit der Hagebutte. Im idealen Fall betrachten wir ihn ein erstes Mal, wenn er uns zur Blütezeit auffällt. Wir merken ihn uns für den gründlichen Besuch während der Fruchtreife, von Ende Juli bis in den September. Geprüft wird dann ein fruchttragender Zweig an der Sonnenseite des Strauchs. Für eine sichere Bestimmung kommt man ohne eine 10fach vergrößernde Handlupe (Einschlaglupe zum Umhängen) nicht aus. Bewährt hat sich auch eine Fadenzählerlupe (10fach) mit 1/10 mm Skala im Gesichtsfeld für den, der ganz genaue Vergleiche anstellen will.

Der Wuchs

Die meisten Wildrosen Mitteleuropas, die Hunds-Rosen im weitesten Sinn, gehören dem bogenbildenden Typ an, »*Rosae arcuatae*« nach R. Keller (1854–1939), Winterthur. Die Triebe des ersten Jahres streben senkrecht in die Höhe, u. U. drei Meter oder mehr. Im folgenden Jahr neigen sie sich beim Sprießen der blattachselständigen Kurztriebe unter der Last der Blütenknospen und später der Hagebutten in Form eines Bogens zur Seite. So entsteht in wenigen Jahren der kennzeichnende kuppelförmige Rosenbusch. Seine Form kann durch Wildverbiss und Schafbeweidung auch gedrungener und kurzästiger werden, desgleichen an sturmgepeitschten und austrocknenden Standorten. Die übrigen Rosen werden nach R. Keller dem koloniebildenden Typ zugerechnet, den »Rosae sociales«. Sie stehen auf weitverzweigten unterirdischen Achsen und besiedeln mit ihren aufrechten Sprossen truppweise ganze Flächen. Hierzu zählen *Rosa spinosissima, Rosa majalis, Rosa pendulina*, aber auch *Rosa gallica*.

Die **Stacheln** sind, anders als Dornen, wie Haare und Drüsen Bildungen der Haut. Sprossstacheln sind durch ein Korkhäutchen von der Rinde getrennt und lassen sich durch seitlichen Fingerdruck von ihr entfernen, ohne sie zu verletzen (Abb. S. 22).
Den hakigen Stacheln am Blattstielrücken fehlt dagegen eine solche Trennfläche. Die Form der Sprossstacheln kann ganz gerade, schwach gekrümmt oder hakenförmig gebogen sein, dies ist für die Bestimmung von Bedeutung. Manche Rosen bringen auch biegsame Stacheln, Borsten und dünne Nadelstacheln hervor. Einleuchtend ist die Funktion hakiger Stacheln bei Rosen, die als »Spreizklimmer« mehrere Meter im Geäst etwa von Waldrandbäumen emporklettern. Nicht selten sind Blütenzweige stachelarm.

Das **Rosenblatt** ist ein Fiederblatt, hier kurz »Blatt« genannt, mit einem unpaaren Endblättchen. Die paarigen Teilblättchen sind durch die Blattspindel oder Rhachis, hier kurz »Blattstiel« genannt, verbunden. Ihm sind am Grund die beiden länglichen »Nebenblätter«, Stipeln, bis auf die freien Öhrchen angewachsen. Die Blätter können ganz glatt sein oder mit kugeligen, hellen bis braunroten kurzgestielten Drüsen von etwa 1/10 mm Durchmesser bedeckt sein. Diese finden sich an den Blatträndern, auf Haupt- und Nebenadern der Unterseite und am Blattstiel, sowohl auf den beiden Längsleisten der Oberseite wie am Rücken. Drüsenreiche Arten tragen auch auf der Stipel-Unterseite Drüsen, wenigstens auf der in das Öhrchen ziehenden Ader, an den Blütenzweigen mit abnehmender Tendenz von unten nach oben. Gelegentlich werden auch auf der Blattoberseite Drüsen beobachtet. Die Blättchen sind von fiederartig verzweigten Adern durchzogen, die jeweils in einem Blattzahn mit einer festen »Knorpelspitze«, ähnlich einer Träufelspitze, enden. Drüsen am Blattrand sitzen auf meist aderlosen Unterteilungen des Blattzahns, den »Nebenzähnchen«. Bei einigen Rosenarten entwickeln die Drüsen beim vorsichtigen Reiben einen besonderen Duft. Wein-Rosen duften fruchtartig, Filz-Rosen harzartig. Da Düfte schwer beschreibbar sind und nicht alle Menschen sie in gleicher

Weise wahrnehmen, bleiben sie für die Bestimmung außer Betracht. Blatt und Blattstiel können auch mit Haaren bedeckt sein, einem wesentlichen Bestimmungsmerkmal. Nicht berücksichtigt wird ein feiner Flaum auf dem Blattstiel am Blättchenansatz und in der Rinne der Oberseite. Die Haare sind am besten in den ersten Wochen nach der Laubentfaltung entwickelt. In den Sommerwochen nehmen sie auf der Blattoberseite stetig ab und sind schließlich oft nur noch in den Rinnen der Blattadern zu finden. Auf der Blattunterseite bedecken sie vor allem die Aderleisten, oft bis hin zu den feinsten Verzweigungen und auch den Flächen dazwischen. Am besten erkennbar, auch ertastbar, sind die Haare am Blattstiel. Sie können glatt, straff, seidig glänzend sein bis hin zu wollig-filzig, matt-weiß oder grau. Zwischen den Haaren können auch Drüsen verborgen sein.

Kelchbecher und Hagebutte sind das maßgebliche Kennzeichen aller Wildrosen, also der Gattung Rosa. Hierdurch unterscheiden sich die Rosen eindeutig von anderen »Rosen« des Volksmunds, wie den Seerosen, Pfingstrosen oder Alpenrosen mit ihrer ganz andersartigen Früchten. Bei den Rosen ist der die Fruchtknoten tragenden Blütenboden sackartig in den Blütenstiel eingesenkt, so dass er mit dessen Wand den bauchigen Kelchbecher (Hypanthium) bildet. Dieser ist wie eine Karaffe oben durch den »Griffelkanal« offen. Der ringförmige Rand des Griffelkanals ist der verschiedengestaltige Diskus oder die »Ringscheibe«, ein wichtiges Bestimmungsmerkmal für viele Wildrosen. Mit ihm hängt auch die Form des Narbenköpfchens, klein und kugelig oder breit, zusammen.

Die **Fruchtknoten** reifen in der Hagebutte zu den gelben, harten, länglich-eckigen »Kernen« heran, den eigentlichen Früchten der Wildrose. Botanisch gesehen sind sie einsamige, apokarpe »Nüsschen«, die noch die »Bauchnaht« des gefalteten Fruchtblatts erkennen lassen. Unter Baumschulgärtnern werden die Kerne der Kürze halber als »Samen« bezeichnet. Die ganze Hagebutte ist somit eine »Sammelfrucht«, wird hier aber der Einfachheit halber »Frucht« genannt. Die Ausstattung des Fruchtstiels mit oder ohne Stieldrüsen, die sich auch auf die Fruchtwand ausbreiten können, ist ein weiteres wichtiges Bestimmungsmerkmal.

Auch die fünf **Kelchblätter** (Sepalen) haben einen hohen Informationswert. Ohne sie ist eine sichere Bestimmung nur in Ausnahmefällen möglich. Mit breitem Ansatz stehen sie nur am Außenrand des Kelchbechers und begrenzen mit einer im Grundriss etwa fünfeckigen Figur den Diskus. In den Ecken finden sich die grübchenartigen Anheftungsstellen der fünf Kronblätter.
Die Kelchblätter haben eine spitz-dreieckige Form und enden in einem langen, zungenartigen Zipfel. Während der Knospenentwicklung bedecken die zweieinhalb äußeren Kelchblätter die zweieinhalb inneren, wie das Schema (S. 22) zeigt. Bei den Hunds-Rosen im weitesten Sinn und den Essig-Rosen werden an den unbedeckt gebliebenen Rändern unsymmetrische, verschieden lange »Anhängsel« ausgebildet, während die bedeckten Ränder ungeteilt, »ganzrandig« bleiben, so wie es die Kelchblätter der übrigen Wildrosensektionen sind. Die Anordnung der fünf Kelchblätter ist in einer Spirale mit zwei Umgängen entsprechend dem Schema zu denken. Beim Abzählen der Kelchblätter erhält das Blatt mit den ungleichen Rändern die Zahl 3. In Richtung des ungeteilten Randes folgen 4 und 5. Der jeweilige Drehsinn in der Reihenfolge der Kelchblätter ist für eine einzelne Blüte nicht festgelegt. Bei einigen Arten richten sich die Kelchblätter nach dem Verblühen auf, angefangen mit den Sepalen 5 und 4. Wenn die Aufrichtung nicht vollständig gelingt, heißt die Kelchblattstellung »flatterig«.
Die Kelchblätter können frei von Drüsen sein, nur am Rand oder auch auf dem Rücken Drüsen tragen, wichtig für die Bestimmung.

Die **Kronblätter** (Petalen) spielen bei der Bestimmung keine entscheidende Rolle. Sie können aber ein verstärkender Hinweis sein. Sofern nach der Farbe gefragt wird, ist der Zustand am Tag des Aufblühens gemeint, erkennbar an den frischgelben, noch vollen Staubbeuteln. Mit jedem weiteren Tag werden diese leerer, schrumpfen und werden braun. Gleichzeitig verblassen die Kronblätter und werden länger. Sie sind mit einem hellen, oft auch weißen »Nagel« fast punktförmig am Außenrand des Diskus befestigt und lösen sich leicht beim Verblühen.

2.2 Die Formenvielfalt

Außer den beschriebenen Merkmalen gibt es weitere Kennzeichen der Wildrosenarten, die hier außer Acht gelassen werden, um die erstrebte Übersichtlichkeit nicht zu gefährden. Genau genommen ist jeder Rosenstrauch ein unverwechselbares Individuum und unsere Kunst besteht darin, möglichst viele Merkmale an ihm zusammenzutragen, die es uns gestatten, ihn einer bestimmten, mit Namen belegten Art zuzuordnen. Dabei brauchen wir einiges Geschick, denn es sind auch Einwirkungen zu bedenken, die vom je verschiedenen Standort einer Rose ausgehen. So führt Lichtmangel zu größeren und dünneren Blättern, längeren Blattabständen an den dann längeren Zweigen, zur Verringerung der Blütenzahl und zur Verkleinerung der Früchte. Im vollen Sonnenlicht werden dichtere Haare und Drüsen gebildet, kleinere, derbere Blätter, mehr Blüten, kugeligere Früchte mit mehr Samen entwickelt. Bei vielen Arten wird die grüne Rinde der Zweige sonnenseitig rotviolett gefärbt.

Es ließen sich noch viele weitere Beispiele aufzählen. Wildrosenkenner werden alles beachten und mit zunehmender Übung Wichtiges vom Beiläufigen zu unterscheiden verstehen. Vor allem finden sie hier den Freiraum für ihre eigene Beurteilung, die ihnen niemand abnehmen kann und für die sie selbst einstehen. Dies kann das Bestimmen von Wildrosen zu einem aufregenden Denksport und das Entdecken in der Landschaft zu einem wirklich beglückenden Abenteuer machen.

2.3 Zur Blüten- und Fruchtbiologie

Die Wildrosen Mitteleuropas blühen je nach Art und Höhenlage in Monaten Mai, Juni und Juli. Einzelne »Nachblüten« können bis zum Oktober auftreten.

Die schalenförmigen Blüten sind »Pollenblumen«, die den nährstoffreichen Blütenstaub, aber keinen Nektar, anbieten. Sie werden von zahlreichen Hautflüglern wie Wild- oder Solitärbienen, Hummeln und Honigbienen angeflogen, die mit dem Pollen ihre Brut füttern. Auch für Käfer wie den Gemeinen oder Gold-Rosenkäfer ist der Rosenpollen eine wichtige Nahrungsquelle. Dieser Käfer tummelt sich gelegentlich massenhaft in Wildrosenblüten, aber auch auf benachbarten Holunderblüten. Auch Schwebfliegen, Zweiflügler mit häufig wespen- oder bienenartiger Körperzeichnung, suchen Wildrosenblüten auf und verzehren Blütenstaub als Nahrung für sich selbst. Die Farbe der Kronblätter ist neben Weiß ein Purpurrot in den verschiedensten Abstufungen, hervorgerufen von Anthocyan-Farbstoffen, dem weit verbreiteten »Blumenblau«. Hinzu kommt in der Blütenmitte das satte Gelb der Staubblätter. Diese beiden Farben können die Blütenbesucher mit ihrem Insektenauge gut wahrnehmen. Ein reines Rot, wie wir es als Signalrot kennen, wird von ihnen dagegen als Farbe nicht erkannt. Auch vom Grün des Laubs nehmen sie nur den Helligkeitswert wahr, sehen also verschiedene Grautöne. Umso deutlicher heben sich für die Blütenbesucher auf diesem Hintergrund die meist dreifarbigen Rosenblüten ab, zu deren gelber Mitte die Bestäuber hingelenkt werden sollen. Blütenform und Blütenfarbe verstehen wir so als das Ergebnis einer sehr langen gemeinsamen Entwicklung der Wildrosen und ihrer Bestäuber aus der Insektenwelt im Lauf der Erdgeschichte.

Entsprechendes gilt auch für die Hagebutten. Nur wenden sich diese Früchte mit der orangeroten bis roten Farbe nicht an Insekten, für die sie nicht auffällig sind, sondern an Vögel und Säugetiere. Deren Auge und Sehvermögen ähneln weitgehend dem unseren. So ernten Mäuse die Hagebutten, solange die Fruchtwand noch hart und raspelfähig ist, während Vögel etwas später die weichgewordenen Früchte anpicken. Die Farbe selbst wird von Carotinoiden bewirkt, während zusätzliche Anthocyane die Färbung vertiefen bis hin zur Schwarzbraunfärbung der Spinosissima-Hagebutten.

Da Vögel beim Verzehr der kohlenhydrat- und ascorbinsäurehaltigen Fruchtwand auch Kerne, die den eigentlichen Samen enthalten, mit verschlucken, scheiden sie diese als unverdauliche Reste später z. B. an bevorzugten Sitzplätzen wieder aus. Hierzu gehören in der Landschaft die Wipfel etwa von Weißdorn und Wacholder oder anderer Sträucher. An ihrem Fuß wachsen dann, vor Wildfraß einigermaßen geschützt, junge Wildrosen heran, in Konkurrenz zu den älteren Sträuchern, deren Platz sie u. U. nach Jahren einnehmen. Auch am Fuß von Felskanten finden sich daher neben anderen Sträuchern mit Vogelverbreitung wie Felsenbirne, Zwergmispel und Berberitze gerade Wildrosen.

2.4 Zu den Zeichnungen

1. Maßstab:
Die senkrechten Maßstäbe bedeuten in jedem Fall 1 cm in der Natur.

2. Drüsen:
Stieldrüsen am Blüten- und Fruchtstiel und auf der Fruchtwand sind mit dem bloßen Auge zu erkennen. Das gilt mit Einschränkungen auch für die kürzeren Stieldrüsen auf vielen Kelchblattrücken. Dagegen sind die sehr viel kürzer gestielten Drüsen am Blattstiel und auf den Adern der Blattunterseite, die sogenannten Sitzdrüsen, nur dem geübten Auge ohne die sonst erforderliche Lupe erkennbar. Bei manchen Arten lassen sich die Drüsen durch ihre Klebrigkeit ertasten.

3. Griffelkanal:
Ein Längsschnitt (Medianschnitt) durch Diskus und Hals der Hagebutte gibt Aufschluss über den Typ des Griffelkanals. Ein Horizontalschnitt unmittelbar unter dem Diskus, nach Entfernen der Staubblattreste und der Griffel, lässt die Weite des Kanals erkennen. Bei einem Diskusdurchmesser von meist um 5 mm kann die Weite der Öffnung mit dem bloßen Augen anhand des Diskusschemas abgeschätzt werden. In den meisten Fällen geht es um die Entscheidung zwischen »eng« und »weit«. Im Zweifelsfall braucht man die Lupe. Der Griffelkanal »sehr weit« kommt bei den mitteleuropäischen Wildrosen selten vor.

Stachel

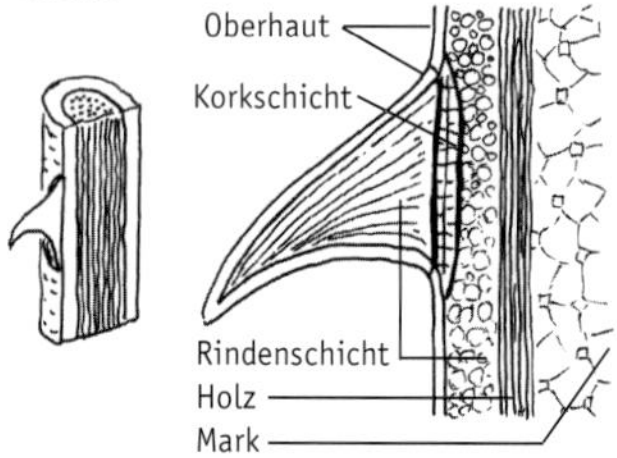

Drüsen

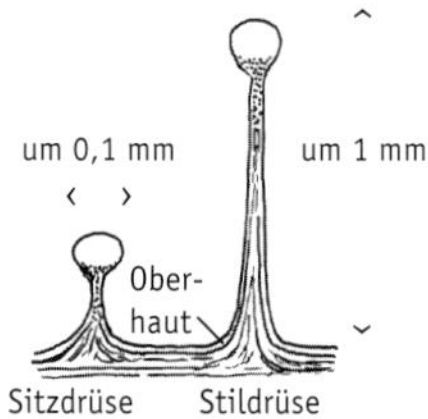

Griffelkanal

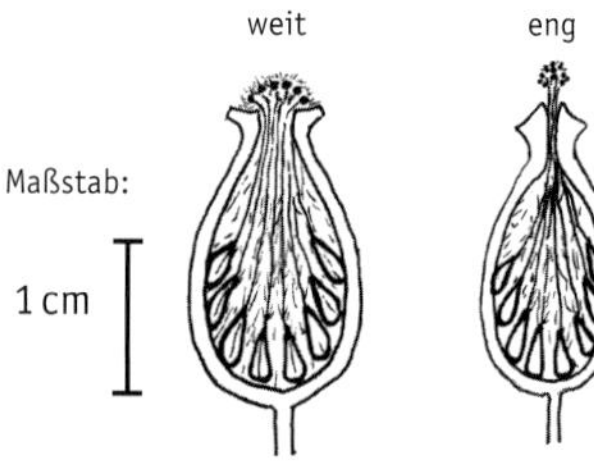

Diskusschema mit Griffelkanal

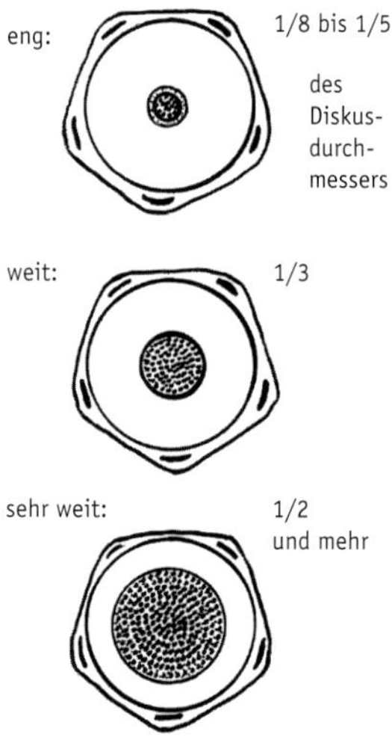

Kelchblattanordnung in 2/5-Stellung:

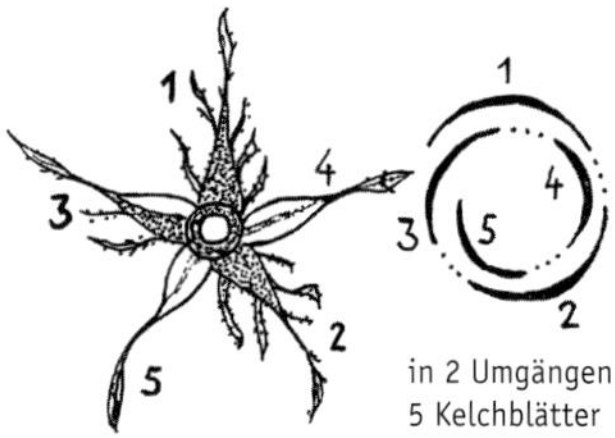

2.5 System der Gattung Rosa L.

für Mitteleuropa mit der Alpennordseite und Einbürgerungen
Sectio **Synstylae** DC.

1. *R. arvensis*
2. *R. multiflora*

Sectio **Pimpinellifoliae** DC.

3. *R. spinosissima*

Sectio **Cinnamomeae** Crépin

4. *R. majalis*
5. *R. glauca*
6. *R. pendulina*
7. *R. rugosa*

Sectio **Carolinae** Crépin

8. *R. virginiana*
9. *R. nitida*

Sectio **Gallicanae** DC.

10. *R. gallica*
11. *R. alba*

Sectio **Caninae** DC.

12. *R. stylosa*
13. *R. jundizillii*
14. *R. tomentella*
15. *R. abientina*
16. *R. canina*
    17. var. *canina*
    18. var. *glandulosa*
    19. var. *scabrata*
    20. var. *blondaeana*
    21. var. *andegavensis*
22. *R. dumalis*
    - var. *typica*
    - var. *myriodonta*
    - var. *transiens*
23. *R. montana*
24. *R. chavinii*
25. *R. subcanina*
    - var. *adenophora*
    - var. *intromissa*

Sectio **Caninae** DC. (Fortsetzung)

26. *R. caesia*
27. *R. rhaetica*
28. *R. subcollina*
29. *R. corymbifera*
    30. var. *deseglisei*
31. *R. tomentosa*
    var. *cinarescens*
    var. *subglobosa*
32. *R. pseudoscabriuscula*
33. *R. sherardii*
34. *R. villosa*
35. *R. mollis*
36. *R. rubiginosa*
    var. *umbellata*
    var. *jenensis*
37. *R. micrantha*
38. *R. elliptica*
39. *R. inodora*
40. *R. agrestis*
    var. *agrestis*
    var. *pubescens*

2.6 Bestimmungsschlüssel zur Gattung Rosa L.

für Mitteleuropa mit der Alpennordseite und Einbürgerungen

1 Griffel frei; ein kugeliges Narbenköpfchen oder ein breites, halbkugeliges Narbenkissen auf der Frucht; aufrechter Strauch, höherwüchsig, auch kletternd, oder Kleinstrauch ------------- 3
– Griffel zusammengewachsen, als keulenartige Säule aus weißer Blüte ragend oder als schwarzes Stiftchen auf der Frucht stehend -- 2
2 Niederliegender, grünrindiger, auch kletternder Strauch; Nebenblätter ganzrandig, von kurzgestielten Drüsen locker gesäumt: (1) **R. arvensis**
– Ausladender, auch kletternder Strauch, Nebenblätter von langen Fransen gesäumt, Ränder Unterseite dicht mit Drüsen bedeckt: (2) **R. multiflora**
3 Äußere Kelchblätter deutlich mit Anhängseln geteilt, Kelchblätter nach der Blüte früh abfallend oder auf der Frucht bleibend -- 10
– Alle Kelchblätter ungeteilt, höchstens an den äußeren fädliche Anhängsel, nach dem Abblühen auf der Frucht aufgerichtet haften bleibend -- 4
4 Blattunterseite und Blattstiel dicht kurzhaarig ---------------- 9
– Blätter unbehaart, glatt -- 5
5 Kleinstrauch mit Ausläufern, Stämmchen dicht mit nadelförmigen Stacheln bestanden, Blätter 7- bis 11-zählig -------------- 8
– Höherwüchsige Sträucher, auch mit Ausläufern, Stacheln einzeln oder paarig, auch arm, Blätter 5- bis 9-zählig ------------- 6
6 Blütenzweige meist stachellos, ältere Triebe unten mit zahlreichen Nadelstacheln: (6) **R. pendulina**
– Blütenzweige mit Stacheln, Rinde braun- oder blaurot --------- 7
7 Blätter bläulich überlaufen, Adern rot: (5) **R. glauca**
– Blätter frischgrün, glänzend, bis 9-zählig; Stacheln gerade bis schwach gekrümmt, auch paarig: (8) **R. virginiana**
vgl. auch (4) R. majalis
8 (5) Kurze Kelchblätter hinter weißer Blüte; Blättchen rundlich, mattgrün: (3) **R. spinosissima**
– Lange Kelchblätter mit spatelförmigem Ende, rote Blüte, Blättchen keilförmig schmal, glänzend: (9) **R. nitida**
9 (4) Dünne, paarige Stacheln an braunroten Blütenzweigen, bis

7-zählige, weiche, stumpfgrüne Blätter mit roten Adern, viele Ausläufer: (4) **R. majalis**

– Nadelförmige Stacheln und Borsten zahlreich an dicken, auch filzigen Trieben; bis 9-zählige große, dunkelgrün glänzende, runzlige Blätter; große hell- bis dunkelrosa Blüten gleichzeitig mit grossen kugelig-flachgedrückten Früchten: (7) **R. rugosa**

10 (3)Höherwüchsige Sträucher, meist mit bogig überhängenden Zweigen; Stacheln gerade bis gekrümmt; Kelchblätter abfallend oder bleibend: **Sectio Caninae** 11

– Kleinstrauch im Gras, im Gebüsch auch kletternd; Nadelstacheln, wenige gebogene Stacheln; Kelchblätter zurückgeschlagen, abfallend: (10) **R. gallica**

11 Stacheln der Blütenzweige alle deutlich gekrümmt; Blätter ohne und mit Drüsen, ohne und mit Haaren wenigstens am Blattstiel und auf den Adern ---------- 15

– Stacheln ganz gerade bis nicht hakig gekrümmt, Blätter behaart oder kahl, mit oder ohne Drüsen, wenigstens der Fruchtstiel drüsig ---------- 12

12 Stacheln ganz gerade oder schwach gekrümmt, Blätter beidseitig dicht behaart: **Artengruppe Filz-Rosen** 27

– Blätter wenigstens oberseits kahl, Blattzähne drüsig unterteilt, Blattstiel drüsig ---------- 13

13 Blätter grün, derb; Blättchen oval, unterseits kahl oder behaart, Blattstiel durch Drüsen und Häkchen rau; Fruchtstiel, auch Fruchtbasis drüsenborstig: (13) **R. jundizillii**

– (nur im Alpenraum): Blätter meist rötlich überlaufen, Blättchen eher rundlich, ganz kahl, Blattstiel drüsig, Fruchtstiel und oft ganze Frucht dicht stieldrüsig ---------- 14

14 Kelchblätter schließlich straff aufgerichtet, lange bleibend: (23) **R. montana**

– Kelchblätter zurückgeschlagen bis ausgebreitet, bald abfallend: (24) **R. chavinii**

15 (11) Stacheln hakig; Blättchen und Balttstiel dicht drüsig, meist fruchtiger Duft; auch kurze Behaarung: **Artengruppe Wein-Rosen** 31

– Stacheln eher offen gekrümmt: Blattzähne ganzrandig oder drüsig unterteilt; Blattstiel und Adern glatt oder drüsig kahl oder behaart: **Artengruppe Hunds-Rosen** 16

16 Blättchen beidseitig oder wenigstens Adern der Unterseite und Blattstiel behaart -- 19

– Blättchen und Blattstiel kahl ------------------------------------ 17

17 Fruchtstiel länger als oder so lang wie die ovale, auch kugelige Frucht; Kelchblätter ausgebreitet bis zurückgeschlagen, bald abfallend; über engem Griffelkanal ein eher kleines, kugeliges Narbenköpfchen -- 18

– Fruchtstiel nicht länger als die meist kugelige Frucht, von breitem Hochblatt umschlossen; Kelchblätter schließlich straff aufgerichtet, bleibend; auf flachem Diskus und weitem Griffelkanal ein breites, weißwolliges »Narbenkissen«:
(22) **R. dumalis**

18 Kelchblätter früh abfallend; Diskus gewölbt bis kegelförmig; Narbenköpfchen eher kugelig; Griffelkanal eng, Durchmesser unter 1 mm: (16) **Gesamtart R. canina**

Folgende Varietäten werden unterschieden:

-- Fruchtstiel und Frucht glatt, ohne Drüsen – a

-- Fruchtstiel und teilweise auch Frucht mit Stieldrüsen – c

– a Blatt einfach gesägt, glatt, am Blattstiel höchstens einzelne, seltene Drüsen: (17) var. **R. canina**

-- Blattzähne drüsig unterteilt; Blattstiel und Mittelrippe mit Drüsen – b

– b Mäßige Drüsendichte, auch am Nebenblattrand:
(18) var. **R. glandulosa**

-- Hohe Drüsendichte, auch am Nebenblattrand und z. T. auf der Nebenblattunterseite: (19) var. **R. scabrata**

– c Blattzähne drüsig unterteilt, Blattstiel und Nebenblattrand dicht drüsig: (20) var. **R. blondaeana**

-- Blatt glatt oder nur mit verstreuten Drüsen:
(21) var. **R. andegavensis**
vgl. auch (12) R. stylosa

– Kelchblätter ausgebreitet, nicht aufgerichtet, auch länger bleibend; Griffelkanal im Durchmesser weiter als 1 mm:
(25) **R. subcanina**

19 (16) Blatt wenigstens unterseits behaart; Fruchtstiel nicht länger als die kugelige Frucht; Kelchblätter auf der Frucht schräg oder ganz aufgerichtet, bleibend; auf flachem Diskus

breites, wolliges Narbenkissen; Stacheln gekrümmt oder mit geraden gemischt -- 20
– Blattoberseite schwach behaart oder kahl, Unterseite und Blattstiel deutlich behaart; Kelchblätter bald abfallend -------- 21
20 Stacheln gleichartig, nur gekrümmt; Kelchblattrücken fast immer ohne Drüsen: (26) **R. caesia**
– Neben gekrümmten auch kräftige gerade Stacheln und Nadelstacheln: Kelchblattrücken und -ränder dicht mit Drüsen bedeckt, nur alpin: (27) **R. rhaetica** 22
21 Blatt einfach gesägt, Blattstiel drüsenlos oder mit Drüsen ---
– Blattzähne drüsig unterteilt, Blattstiel und Adern drüsig; Blattoberseite dunkelgrün, feinrunzlig; Diskus gewölbt, Griffelkanal eng: (14) **R. tomentella**
22 Fruchtstiel ohne Drüsen -- 23
– Fruchtstiel mit Drüsen -- 24
23 Diskus gewölbt, Griffelkanal eng:
(29) **R. corymbifera** var. **corymbifera**
vgl. auch (12) R. stylosa
– Kelchblätter ausgebreitet, nicht aufgerichtet, auch länger bleibend; Griffelkanal im Durchmesser meist weniger als 1 mm:
(28) **R. subcollina**
24 Fruchtstiel so lang wie Frucht:
(30) **R. corymbifera** var. **deseglisei**
Wenn Blüte weiß, Frucht oval, auch drüsentragend:
bei (30) R. »Laxa«
– Fruchtstiel länger als die Frucht --------------------------------- 25
25 Fruchtstiel viel länger; Diskus gewölbt bis hoch kegelförmig auf ovaler Frucht; enger Griffelkanal mit herausragendem dünnen »Griffelstrauß« (12) **R. stylosa**
– Diskus flach, Griffelkanal weit oder sehr weit ------------------ 26
26 Frucht kugelig; Griffelkanal weit; Blüte rot: (15) **R. abietina**
– Frucht oval, gross; Griffelkanal sehr weit, Blüte weißlich, gefüllt oder halb gefüllt: (11) **R. alba**
27 (12) **Artengruppe Filz-Rosen**
Stacheln ganz gerade, Kronblätter rot, Außenrand von drüsenähnlichen Zähnchen gesäumt; Kelchblätter auf der Frucht straff aufgerichtet, haften bleibend ---------------------------- 30
– Stacheln gerade bis leicht gekrümmt; Kelchblätter ausgebrei-

tet bis aufgerichtet, vor der Fruchtreife abfallend oder auch länger bleibend -- 28

28 Fruchtstiel etwa so lang wie die kugelige Frucht, Kelchblätter ganz aufgerichtet, ausdauernd; Blüte dunkelrosa:
(33) **R. sherardii** vgl. auch (35) **R. mollis**

– Fruchtstiel länger als die kugelige Frucht --------------------- 29

29 Kelchblätter schräg aufgerichtet, lange haften bleibend; Blüte hellrosa: (32) **R. pseudoscabriuscula**

30 (27) Blatt matt blaugrün bis graugrün, groß, mit langem Endblättchen, grosse Zähne drüsenreich unterteilt; Kelchblätter mit langem spatelförmigen Anhängsel; bis kirschgroße Frucht, dann hängend: (34) **R. villosa**

– Nur niedriger Strauch; Blättchen eher rundlich; kleinere, drüsenarme Frucht von unterschiedlicher Form:
(35) **R. mollis** vgl. auch (35) R. sherardii

31 (15) **Artengruppe Wein-Rosen:**
Blättchen mit keilförmigem Grund, meist mit Abstand voneinander, Frucht und Fruchtstiel glatt ------------------------------ 33

– Blättchen mit eher breitgerundetem Grund, einander genähert oder berührend; Fruchtstiele reichdrüsig ---------------------- 32

32 Rosa Blüte; Fruchtstiel nicht länger als die glatte, auch drüsige Frucht; Kelchblätter aufgerichtet, lange bleibend; breites, wolliges Narbenköpfchen auf weitem Griffelkanal:
(36) **R. rubiginosa**

– Hellrosa Blüte; Fruchtstiel länger als oder so lang wie die kleine, meist drüsige Frucht; Kelchblätter früh abfallend; kleines Narbenköpfchen auf engem Griffelkanal: (36) **R. micrantha**

33 (31) Rosa Blüte; Fruchtstiel nicht länger als die Frucht --------- 34

– Weiße Blüte; Fruchtstiel länger als oder so lang wie die Frucht; Kelchblätter früh abfallend; nur kleines Narbenköpfchen über engem Griffelkanal: (40) **R. agrestis**

34 Kelchblätter aufgerichtet, lange bleibend; breites, wolliges Narbenköpfchen über weitem Griffelkanal: (38) **R. elliptica**

– Kelchblätter früh abfallend, dicht behaartes Narbenköpfchen über engem Griffelkanal: (39) **R. inodora**

2.7 Beschreibung der Rosen

(1) Kriechende Rose (Tafel 1)

Rosa arvensis Hudson 1762 (*Rosa repens* Scopoli 1772)

Gestalt: Niederliegender oder kletternder Strauch mit langen, grünrindigen, weichen Blütenzweigen. Stacheln kräftig, hakig, im Schatten schwächer. Blätter meist 7-zählig, stumpfgrün, dünn; Blättchen einfach gesägt. Blütenstand mehrblütig in schirmartiger Doldentraube, im schwachen Licht nur einblütig bis blütenlos. Blütenstiel länger als der Kelchbecher, glatt oder mit kurzgestielten Drüsen locker bedeckt. Kelchblätter kürzer als Kronblätter, dreieckig, auch mit fädlichen Anhängseln, nach dem Abblühen zurückgeschlagen, bald abfallend.
Kronblätter weiß, groß, mit hellgelbem sog. Farbmal.
In der Mitte 3 bis 5 mm langes, keulenförmiges Griffelsäulchen. Frucht in der Sonne kugelig, sonst eher oval und kleiner. Griffelsäule bleibt bis in den Winter als schwarzes Stiftchen auf der Frucht stehen.
Blütezeit: Juni, Juli. Späte Rosenblüte.

Standort: Eher wärmeliebender, auch mäßiger Schatten ertragender Strauch auf lehmigen, nicht kalkfreien und nicht austrocknenden Böden. Ausgebreitet am Boden lichter Laubwälder, bildet an Waldrändern, auch an Waldwegen und in alten Feldhecken »arvensis-Schleier« über anderen Sträuchern.

Verbreitung: West- bis Mitteleuropa, NO-Grenze zwischen Eifel und Bayerischem Wald, ein subatlantisch-submediterranes Florenelement. Fehlt meist im Schwarzwald und Odenwald, in Teilen der Schwäbischen Alb und in Oberschwaben; bleibt im Jura und in den Alpen in den Tälern.

Anmerkung: Einzige Verwandte in Europa ist die ähnliche, auch kletternde und schleierbildende *Rosa sempervirens* L. 1753. Immergrüne Wildrose, mit derben, wintergrünen Blättern, drüsigem Blütenstiel, Kelchbecher und Kelchblattrücken, sowie behaarter, bleibender Griffelsäule. Ausdauernd nur im Küstengebiet des Mittelmeeres: mediterrane Flora. In Japan nächstverwandt: *Rosa wichuraiana* Crépin, mit dukelgrün glänzenden Blättern, Stammart bekannter Rosenzüchter wie »New Dawn«.

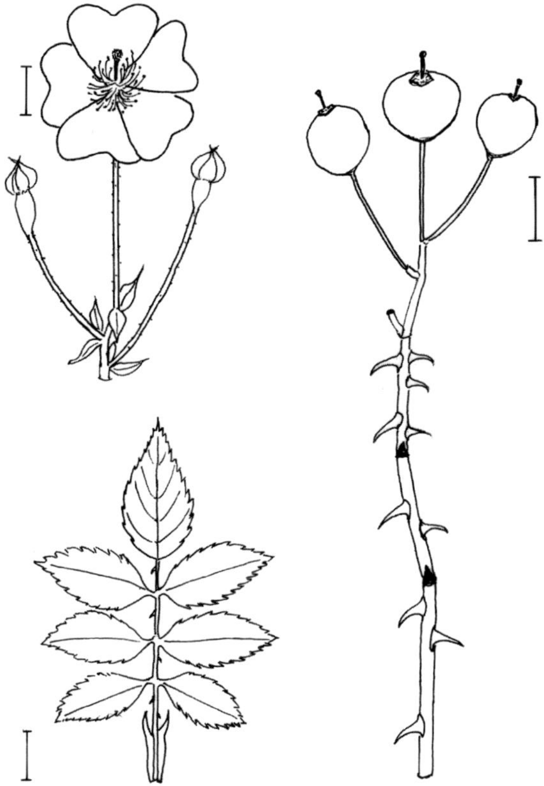

(1) Kriechende Rose

Tafel 1

Foto: Peter Banzhaf

Foto: Lukas Stempin

Kriechende Rose
Rosa arvensis

Fotos: Theo Müller

Büschel-Rose
Rosa multiflora

(2) **Büschel-Rose, Vielblütige Rose** (Tafel 2)

Rosa multiflora Thunberg 1784

Gestalt: Starkwüchsiger, auch kletternder Strauch, mit überhängenden, bräunlich-grünen Zweigen, hakigen Stacheln. Große, 5- bis 9-zählige, derbe, bis in den Winter bleibende Blätter, mit drüsenreichen, fransig geschlitzten Nebenblättern. Blütenstand: reichblütige, kegelförmige Doldenrispe. Blüte weiß, klein. Frucht etwa erbsengroß, eiförmig, mit bleibendem schwarzem Stiftchen (Griffelsäule).
Blütezeit: Juni, Juli.

Standort: Im Licht breit ausladend, im Schatten zum Licht hin kletternd; aus Baumschulen in Gärten und Anlagen angepflanzt, auch in der Landschaft als »Vogelschutzgehölz«, nach Verbreitung durch Vögel auch an Waldrändern und in Feldhecken.

Verbreitung: Heimat: Ostasien, gemäßigte Zone in China, Korea und Japan. Seit dem 19. Jahrhundert in Europa und Nordamerika in Kultur. Breitet sich heute in beiden Kontinenten spontan aus.

Anmerkung: Eine stachelarme Form dient in Baumschulen als Rosenveredelungsunterlage für blühfreudige, starkwüchsige Strauch- und Kletterrosen und wurde zu zahlreichen Kreuzungen verwendet. Abkömmlinge sind z. B. Polyantharosen mit gefransten Nebenblättern.

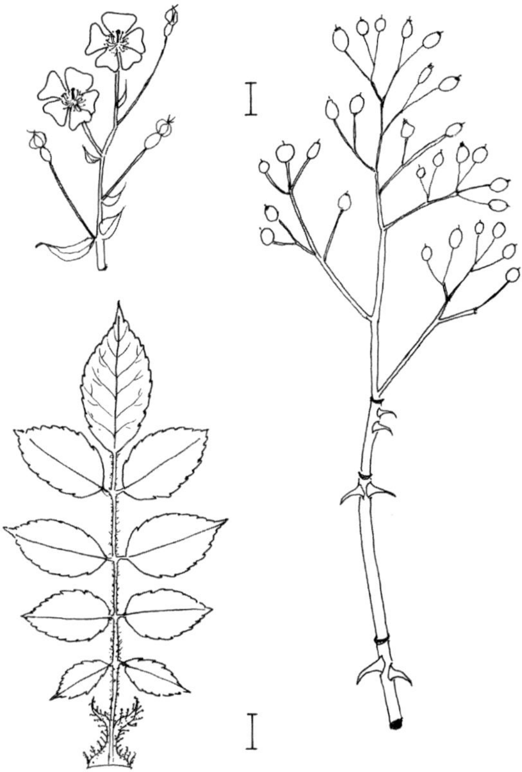

(2) Büschel-Rose

(3) **Bibernell-Rose, Felsen-Rose** (Tafel 3)

(an der Nordsee: Dünen-Rose)

Rosa spinosissima L. 1753
(*Rosa pimpinellifolia* L. 1759)

Gestalt: Kleinstrauch, fuß- bis hüfthoch; in dichten Kolonien mit weiter Ausbreitung durch unterirdische Ausläufer. Dunkelbraune Stämmchen, kurze Äste mit zahlreichen geraden Stacheln und Stachelborsten. Blatt 7- bis 11-zählig, Blättchen mattgrün, rundlich, mit einfachen, groben Zähnen. Blüten einzeln weiß, selten rosa, Fruchtstiel meist länger als die kugelig-zusammengedrückte, selten auch flaschenförmige Frucht; Formen mit und ohne Drüsenborsten am Fruchtstiel und Fruchtgrund kommen im gleichen Gebiet vor; Kelchblätter ganzrandig, kurz, mit fleischigem Grund, auf der Frucht straff aufgerichtet. Blütezeit Mai. Früchte werden während der Reifung durch dichte Anthocyaneinlagerung schwarzbraun; Färbung meist schon im Juli abgeschlossen; daneben Bestände, deren Früchte, im August noch leuchtend rot, erst spät im Jahr dunkelbraun werden.

Standort: Auf Felsbändern und in Felsspalten der Muschelkalk- und Jurastufe, auf sandig-lehmigen Bänken des Keupers in Blutstorchschnabel-Saumgesellschaften; auch im lichten Flaumeichenwald. Bei natürlicher Waldausbreitung Kümmerwuchs wegen Lichtmangels; beeinträchtigt und gefährdet auch an Kletterfelsen.

Verbreitung: West-, mittel- und südeuropäische Bergländer, Schwerpunkt Jurazug vom Salève bis zur Schwäbischen Alb, als Dünen-Rose auf Nordseeinseln.

Anmerkung: Als schattenunverträglicher Kleinstrauch vermutlich Bestandteil einer eiszeitlichen Reliktflora, durch die Wiederbewaldung des Landes auf freigebliebene Felskanten zurückgedrängt. Aus Baumschulen stammende Böschungsbepflanzungen mit var. *altaica* ergeben meist höherwüchsige Bestände, deren Früchte schon im Juli tief schwarzbraun sind. Gelegentlich werden aus älteren Kulturen stammende höherwüchsige Sträucher mit kolonieartiger Ausbreitung, duftenden, halbgefüllten Blüten und früher Schwarzfärbung der Früchte gefunden.

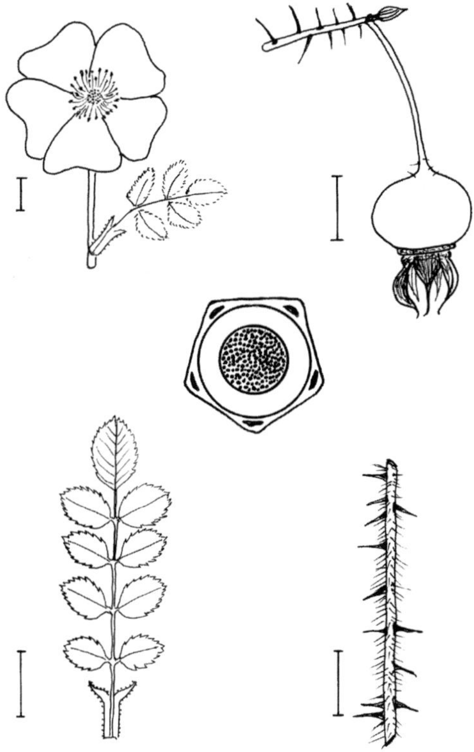

(3) Bibernell-Rose

Tafel 3

Foto: Theo Müller

Fotos: Peter Banzhaf

Bibernell-Rose
Rosa spinosissima

Foto: Peter Banzhaf

Foto: Lukas Stempin

Mai-Rose
Rosa majalis

(4) **Mai-Rose, Zimt-Rose** (Tafel 4)

Rosa majalis J. Hermann 1762
(*Rosa cinnamomea* L. 1759 p.p.)

Gestalt: Bis schulterhoher Strauch, durch unterirdische Ausläufer dichte Bestände. Rinde braunrot, »zimtfarben«. Dünne, gerade oder schwach gebogene Stacheln paarig unter den Blattachseln, an Blütenzweigen auch fehlend. Blatt meist 7-zählig, Blättchen lang-eiförmig, oberseits frischgrün, unterseits hellblaugrün, flaumig behaart, einfach gesägt, ohne Drüsen. Blüte einzeln, an langem, glatten Stiel. Kelchblätter ganzrandig, nach dem Abblühen aufgerichtet und bleibend. Kronblätter purpur-karminrot, mit dunkleren Adern, gelegentlich »überzählige« Kronblätter. Griffelkanal weit, mit breitem, wolligem Narbenköpfchen. Frucht meist hängend, kugelig bis birnförmig, scharlachrot mit langem Kelchblattschopf. Blütezeit früh, ab Mitte Mai bis Juni. Frühe Fruchtreife.

Standort: In Grau-Erlen-Ulmen-Auenwald und Sanddorn-Lavendelweidengebüsch der Alpenflüsse, auch Felsbesiedler trockenerer Standorte, Licht- bis Halbschattenpflanze.

Verbreitung: Nord- und osteuropäische Rose, bis 70° n. Br., im Alpenraum nacheiszeitlich isoliertes Areal: Nordgrenze an Iller und Donau bis Niederösterreich, Westgrenze an Aare und Saane.

Anmerkung: Als Frühblüher seit dem Mittelalter als Zierpflanze genutzt, wird daher spontan verbreitet auch außerhalb des Areals gefunden, als Böschungsbefestiger auch an Straßen gepflanzt. In Bauerngärten: var. *foecundissima* Münchhausen 1770, mit gefüllter Blüte, duftend.

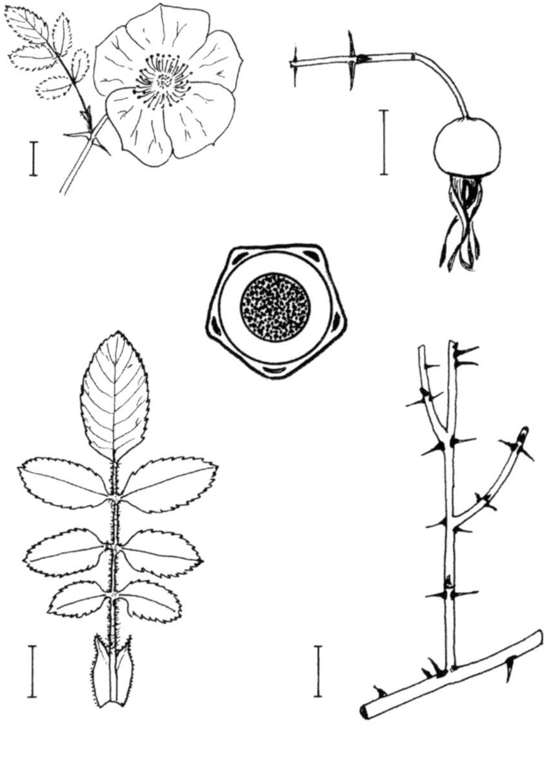

(4) Mai-Rose

(5) **Rotblättrige Rose, Bereifte Rose** (Tafel 5)

Rosa glauca Pourret 1788
(*Rosa rubrifolia* Villars 1789)

Gestalt: Niedriger bis übermannshoher Strauch, auch bäumchenförmig. Rinde braunrot, junge Triebe rotblau. Stacheln leicht gebogen oder geneigt, an Blütenzweigen auch fehlend. Blatt 5- bis 7-zählig, einfach gesägt, kahl, glatt, blaugrün mit roten Adern, rotblauem Blattstiel. Fruchtstiel lang, glatt oder mit verstreuten Stieldrüsen. Kelchblätter meist ganzrandig, die äußeren gelegentlich auch mit fädlichen Anhängseln, schmal, länger als die Kronblätter, auf der Frucht straff aufgerichtet, haften bleibend. Kronblätter klein, schmal, nicht gebuchtet, karminrot mit weißem Nagel, mit den hellgelben Staubbeuteln eine dreifarbige, flache Blume bildend. Diskus schmal mit weitem Griffelkanal, breites, weiß-wolliges Narbenköpfchen. Frucht kugelig, früh reifend: Anfang September. Blütezeit etwa mit *R. canina*, Juni.

Standort: Felsspalten und Felsschutt, an Hangkanten und auf Felsbändern, in sonnigen Lagen, sonst blütenarm; zusammen mit Felsenbirne, Zwergmispel, Berberitze und Filz-Rosen.

Verbreitung: Gebirgsrose Mittel- und Südeuropas, von den Pyrenäen über die Alpen bis zum Balkan, montan bis subalpin, Praealpin: Jura, Südvogesen, Südschwarzwald, Südwestalb, Reutlinger-Uracher Alb; überall selten.

Anmerkung: Im Gebiet zwei räumlich nicht getrennte Varietäten: var. *typica* Christ 1873: drüsenlos, und var. *glaucescens* Wulfen 1805: mit Drüsen am Fruchtstiel, Fruchtbasis und Kelchblattrücken. Die letztere seit Beginn des 19. Jahrhunderts in Baumschulkultur, im Handel als Zierstrauch, auch in Hecken, Feldgehölzen und an Böschungen gepflanzt. Sträucher aus Baumschulkulturen unterscheiden sich von Wildformen durch stärkere Rotfärbung der Blätter und Zweige.
Im Alpenbereich werden seit dem 19. Jh. Sträucher vom Aussehen der Rotblättrigen Rose mit eher ganzrandigen Kelchblättern, aber mit drüsentragenden Blättern und dichten Drüsenborsten an Fruchtstiel und großer Frucht zur Berg-Rose, *Rosa montana*, Nr. 23 gestellt

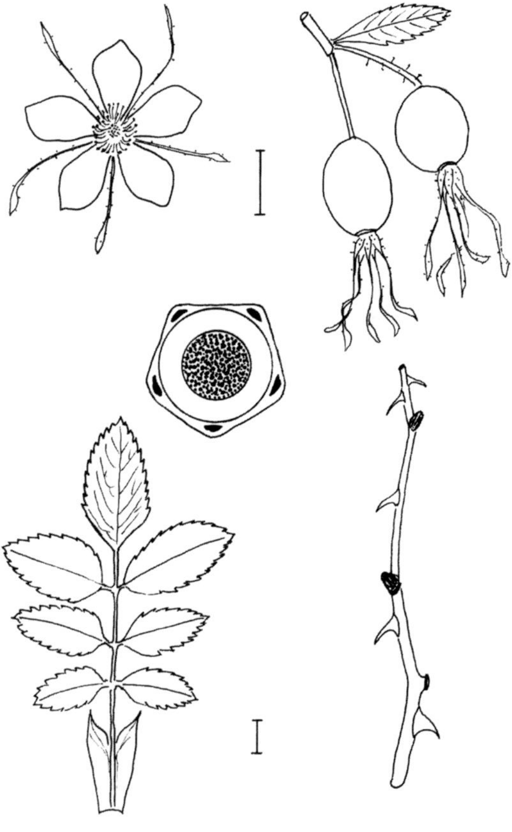

(5) Rotblättrige Rose

Tafel 5

Foto: Peter Banzhaf

Foto: Stefan Ruge

Rotblättrige Rose
Rosa glauca

Tafel 6

Foto: Georg Timmermann †

Foto: Peter Banzhaf

Alpen-Heckenrose
Rosa pendulina

(6) Alpen-Heckenrose (Tafel 6)

Rosa pendulina L. 1753
(*Rosa alpina* L. 1762)

Gestalt: Knie- bis übermannshoher Strauch, mit Ausläufern. Blütenzweige und junge Triebe in der Regel stachellos, alte Stämme mit nadelförmigen, abwärts gerichteten Stacheln; var. *aculeata* R. Keller mit zahlreichen geraden, senkrecht abstehenden, auch paarigen Stacheln an den Blütenzweigen.
Blätter 7- bis 9-zählig, dunkelgrün; Blättchen dünn, länglich, Zähne und Blattstiel drüsig bis drüsenarm.
Meist einblütig; langer, auch drüsiger Blütenstiel, Kelchblätter ungeteilt, mit langer Zunge, nach der Blüte mit fleischigem Grund aufgerichtet, auf der dann hängenden, kugeligen bis flaschenförmigen-Frucht bleibend. Kronblätter dunkelrot bis rosa. Griffelkanal weit, mit breitem, wolligem Narbenköpfchen. Frucht mit und ohne Drüsenborsten, frühreifend. Blütezeit früh, je nach Höhenlage ab Ende Mai bis Juni.

Standort: In lichten Bergmischwäldern, auch schattenverträglich, an Waldrändern durch Ausläufer lockere Büsche bildend, an feuchteren Hängen, im Hochstaudengebüsch und an trockeneren Felsen bis hinauf zum Knieholz zu finden.

Verbreitung: Gebirgsrose Mittel- und Südeuropas zwischen den Pyrenäen und Balkangebirgen, Schwerpunkt in den Alpen, montan bis subalpin, praealpin: Jura, Südvogesen, Südschwarzwald, Südwestalb, Allgäu, bayerisches Alpenvorland, Bayerischer Wald bis zum Erzgebirge; zerstreut, in höheren Lagen nirgends selten.

Anmerkung: Aus einer im Rosarium Sangerhausen vorgenommenen Artenkreuzung *Rosa pendulina* x *Rosa vosagiaca* wurde in Dresden-Pillnitz eine großfruchtige, stachelarme, frühreifende Sorte »PiRo 3« mit höherem Vitamin C-Gehalt selektiert und plantagenmäßig angebaut. Verwendung der getrockneten Fruchtwand vor allem für Früchteteemischungen.

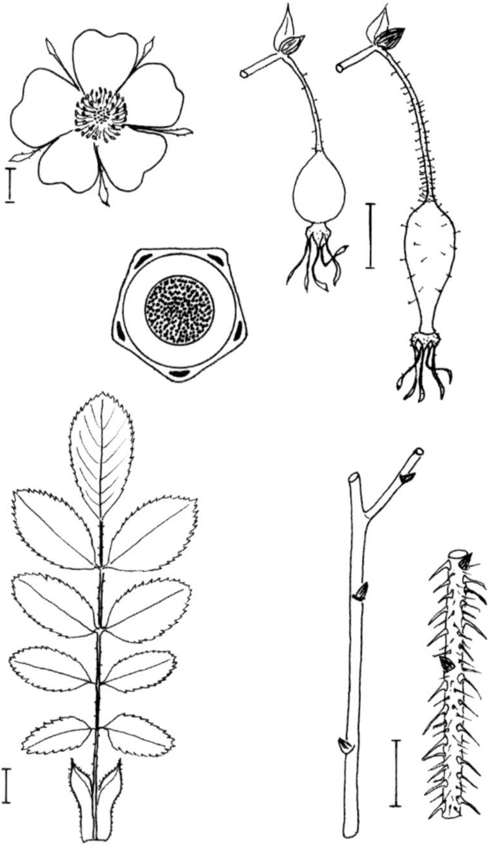

(6) Alpen-Heckenrose

(7) **Kartoffel-Rose, Runzel-Rose** (Tafel 7)

Rosa rugosa Thunberg 1784

Gestalt: Hüft- bis schulterhoher Strauch, durch Ausläufer ein dichtes Gebüsch bildend. Dicke Äste dicht mit nadelförmigen, verschieden gestalteten, filzig behaarten Stacheln, auch Borsten und dichten Haaren bedeckt. Blätter groß, 7- bis 9-zählig, derb, dunkelgrün glänzend, stark runzlig, unterseits und Blattstiel filzig, mit Drüsen. Blüte groß, dunkel- bis hellrosa, auch weiß; Kelchblätter ungeteilt, filzig, auf der großen, breitkugeligen, frühreifenden Frucht aufgerichtet bleibend; Frucht glatt, glänzend, leuchtend rot; sehr weiter Griffelkanal. Blütezeit ab Ende Mai bis September, daher Blüten und reife Früchte nebeneinander.

Herkunft und Verbreitung: Heimat sind die Küsten Nordostasiens zwischen Kamtschatka über Hokkaido bis Korea. Besiedelt extreme Standorte wie Dünen und Salzböden, nicht dagegen Kalkböden. Seit Beginn des 20. Jh.s. wird auf Sandböden spontane Verbreitung beobachtet, sodass R. rugosa in den betreffenden Gegenden als Neophyt der heutigen Flora angehört und z. T. eingebürgert ist.

Anmerkung: Die deutschen Namen nehmen Bezug auf das Aussehen der Blätter und der Hagebutten. Seit Mitte des 19. Jahrhunderts in Europa in Baumschulkultur; Verwendung als Ziersträucher für Gärten und Anlagen, als salztolerante Art für Böschungsbepflanzungen an Straßen und Windschutzhecken an der Küste. *R. rugosa* wurde durch Kreuzungen Stammform zahlreicher Gartenrosen wie »Conrad Ferdinand Meyer«, »Max Graf« und die winterharten, reichblühenden Kordesii-Rosen. *R. rugosa* wird in osteuropäischen Ländern plantagenmäßig zur Hagebuttengewinnung und -verwertung , z. B. als Hägenmark, angebaut.

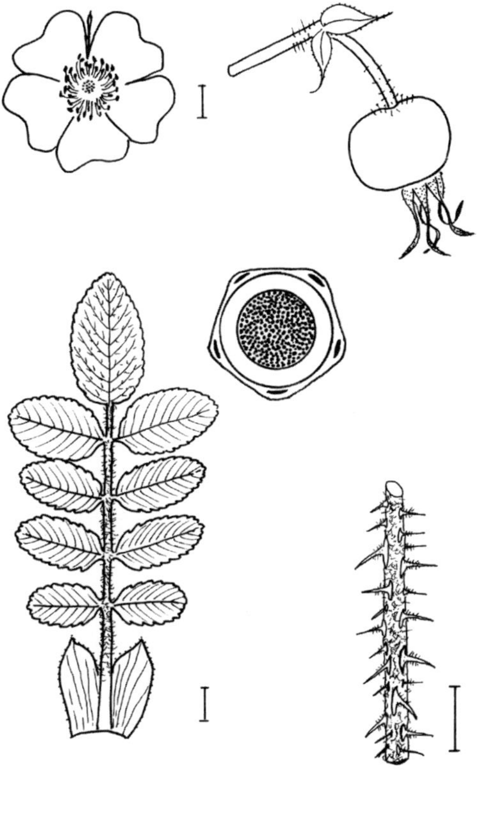

(7) Kartoffel-Rose

Tafel 7

Fotos: Theo Müller

Kartoffel-Rose
Rosa rugosa

Fotos: Theo Müller

Virginische Hecken-Rose
Rosa virginiana

(8) Virginische Heckenrose (Tafel 8)

Rosa virginiana J. Herrmann 1762
(*Rosa lucida* Ehrhart)

Gestalt: Bis schulterhoher, aufrechter Strauch, grün- bis braunrindig, mit Ausläufern, Stacheln dünn, leicht gekrümmt, unter den Blattachseln auch paarweise, am älteren Stamm auch Nadelstacheln. Blätter frischgrün, glänzend, 7- bi 9-zählig; Blättchen einfach gesägt, glatt, kahl, mit keilförmigem Grund, breiten Nebenblättern. Blattstiel unterseits mit Häkchen. Blütenstand meist mehrblütige Dolde; Blütenstiel lang, mit Stieldrüsen; Kelchbecher und Kelchblattrücken mit Drüsenborsten und Stieldrüsen; Kelchblätter ungeteilt, schmal mit langem Zipfel. Kronblätter rot; Diskus ein schmaler Ring mit sehr weitem Griffelkanal, darüber ein breites, weißwolliges Narbenkissen. Frucht langgestielt, klein, mehr oder weniger (=+/-) drüsenborstig, zusammengedrückt kugelig; Kelchblätter zur Fruchtreife teilweise abfallend.
Blütezeit: Juni bis August.

Herkunft und Verbreitung: Aus lichten Bergwäldern im Osten Nordamerikas, zusammen mit Kanadischer Felsenbirne und Virginischem Wacholder sowie der ähnlichen *Rosa carolina* L. 1762. Seit 18. Jh. in Baumschulkultur, angepflanzt in Gärten, Anlagen, an Straßenböschungen, auch in neuen Feldhecken. Gelegentlich spontan verbreitet.

Anmerkung: *Rosa virginiana* wird bei flüchtiger Betrachtung auch mit *Rosa majalis* verwechselt.
Die europäischen Baumschulpflanzen, in Katalogen als *R. virginiana* angegeben, sind vermutlich seit langem mit der krummstacheligen *R. carolina* hybridisiert und von ihr nicht mehr zu trennen. *R. carolina* wird daher vielfach als Synonym zu *R. virginiana* aufgeführt.

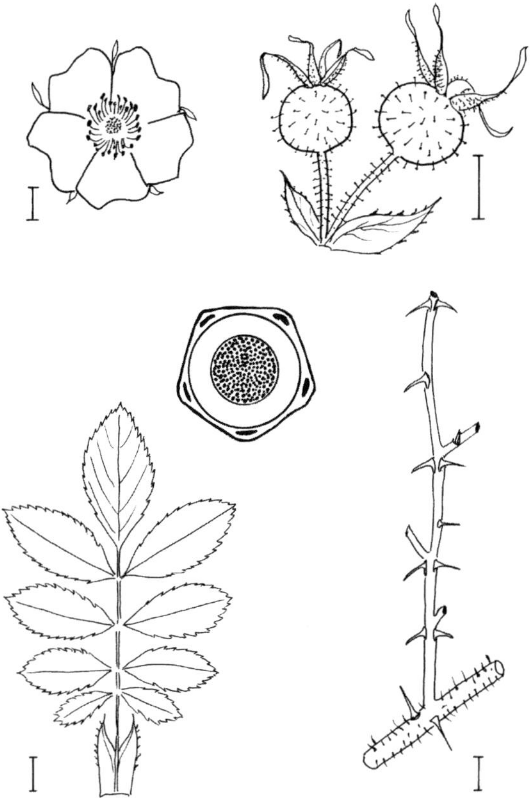

(8) Virginische Heckenrose Rose

(9) **Glanz-Rose** (Tafel 9)

Rosa nitida Wildenow 1797

Gestalt: Bis kniehoher, aufrechter Kleinstrauch, mit Ausläufern, rotbraune Rinde. Zweige dicht mit nadelförmigen, verschieden langen Stacheln und Stachelborsten bedeckt. Blätter 7- bis 9-zählig, grünglänzend, im Herbst braunrot; Blättchen klein, keilförmiger Grund, schmal, einfach gesägt, glatt, kahl.
Blütenstiel lang, mit Stieldrüsen, auch Kelchbecher und Kelchblattrücken stieldrüsig, Kelchblätter ungeteilt, schmal, mit langem Zipfel. Kronblätter klein, rot. Frucht klein, kugelig, drüsenborstig, rot. Kelchblätter ausgebreitet, lange bleibend; Diskusring sehr schmal mit weitem Griffelkanal, breites, weißwolliges Narbenköpfchen.
Blütezeit Juni, Juli.

Herkunft und Verbreitung: Heimat sind waldarme Moorlandschaften Nordostamerikas.
Seit dem 18. Jahrhundert in Baumschulkultur, angepflanzt in Gärten, Anlagen, auch als Straßenbegleitung.

Anmerkung: Spontane Verbreitung bisher nicht beobachtet.

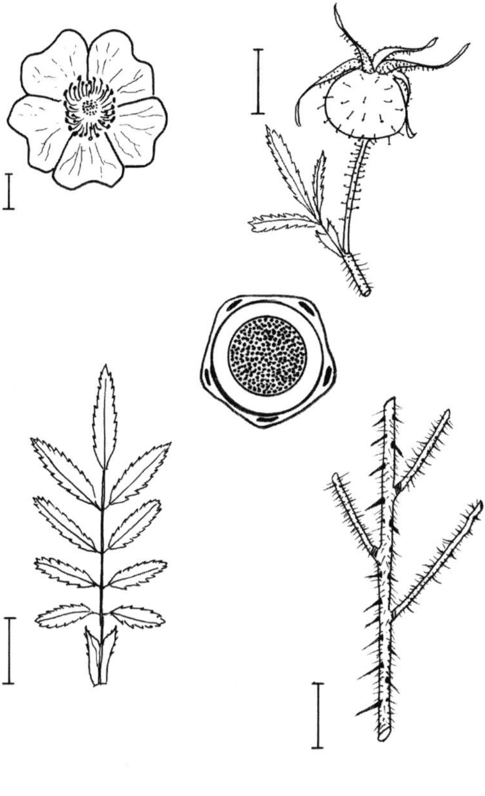

(9) Glanz-Rose

Tafel 9

Fotos: Theo Müller

Glanz-Rose
Rosa nitida

Tafel 10

Foto: Peter Banzhaf

Foto: Verena Mueller

Essig-Rose
Rosa gallica

(10) Essig-Rose (Tafel 10)

Rosa gallica L. 1753 (*Rosa austriaca* Crantz 1768)

Gestalt: Bis kniehoher Kleinstrauch im Gras, im Gebüsch auch bis schulterhoch kletternd. Besiedelt durch unterirdische, tiefreichende Triebe auch größere Flächen. An dünnen Trieben zahlreiche dünne Stacheln, gerade und gebogen, Stachelborsten und Stieldrüsen. Blätter groß, 3- bis 5-zählig, in voller Sonne lederig, rau, Blättchen zur Mitte gefaltet und am Blattstiel abwärts geschlagen, in geringem Licht frischer grün und eher eben ausgebreitet. Blättchen drüsig, grob gesägt, drüsig unterteilt; Blattstiel raudrüsig, hakig. Blüte meist einzeln, auf langem, dicht drüsig-stacheligem Stiel, in voller Sonne auch mehrblütig. Kelchbecher drüsenborstig, Kelchblätter lang, die äußeren mit Anhängseln, Rücken und Ränder dicht drüsig; nach dem Abblühen straff zurückgeschlagen und abfallend. Kronblätter groß, Blüte im Durchmesser bis 8 cm, außen dunkelpurpurrot, zur Mitte heller bis weiß. Gelegentlich werden »überzählige« Kronblätter beobachtet. Diskus mit weitem Griffelkanal, darüber ein wolliges Narbenköpfchen. Blüte mit Rosenduft. Frucht kugelig bis kegelförmig. Blütezeit spät: Juni, Juli.

Standort: In lichten Eichen- und Eichen-Kiefernwäldern, im Geißklee-Eichenwald, an ihren Waldwegen und Rändern, an Weinbergrändern, trockenen Ackerrainen; auf kalkhaltigen Lehm- und Tonböden, nicht auf Sandböden. Im Schatten Veränderungen bis zur Unkenntlichkeit: blütenlos, dünnblättrig, drüsen- und stachelarm.

Verbreitung: Vom schwarzen Meer und östlichen Mittelmeer bis zum südlichen Mitteleuropa und Frankreich. Schwerpunkt in Süddeutschland: collin um Neckar, Main, Altmühl und Donau, vereinzelt in Weinbaugebieten der Pfalz und an der Mosel. Nordgrenze undeutlich, da auch alte Kulturpflanze. Selten, gefährdet durch Siedlungsdruck, Ausdehnung und Verdichtung der Wälder.

Anmerkung: In Baumschulen wird der Name *Rosa gallica* für Kultursorten, die z. T. seit dem Altertum bis ins 19. Jh. entstanden sind, verwendet, wie »Officinalis«, »Versicolor«, »Tuscany«. Sie unterscheiden sich von der Wildform deutlich durch höheren und strafferen Wuchs, größere Blätter und gefüllte Blüten mit tieferer Farbe und stärkerem Rosenduft.

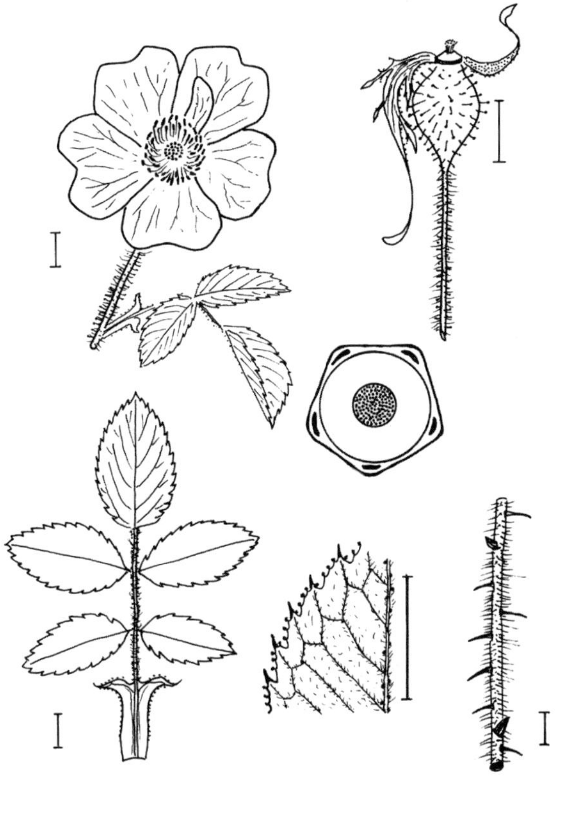

(10) Essig-Rose

(11) Weiße Rose

Rosa alba L. 1753
(*Rosa* x *alba*)

Gestalt: Bis übermannshoher, kräftiger Strauch mit überhängenden Zweigen; Rinde grün; Stacheln gleichartig, gebogen, Blätter groß, 5- bis 7-zählig, graugrün, unterseits und Blattstiel behaart. Blütenstand mehrblütig, Blütenstiel, Kelchbechergrund und Kelchblattrücken dicht drüsig;
Kronblätter weiß bis zart rosa; Blüten meist halbgefüllt, auch dicht gefüllt, duftend.
Frucht eiförmig, groß; Kelchblätter abfallend.
Blütezeit im Juni.

Standort: An alten Weinbergrändern, an Böschungen, in Feldhecken.

Verbreitung: West-, Mittel- und Südeuropa; wohl seit dem Altertum Kulturrose mit spontaner Verbreitung; heute selten.

Anmerkung: *Rosa alba* wird seit H. Christ (1873) als alte Hybride aus *Rosa gallica* und einer behaarten Art aus der Sectio Caninae wie *R. corymbifera* gedeutet. Auf *Rosa* x *alba* gehen mehrere alte Gartenrosen zurück wie »Semiplena«, »Suaveolens«, »Maiden´s Blush«.

Foto: Theo Müller

Foto: Stefan Ruge

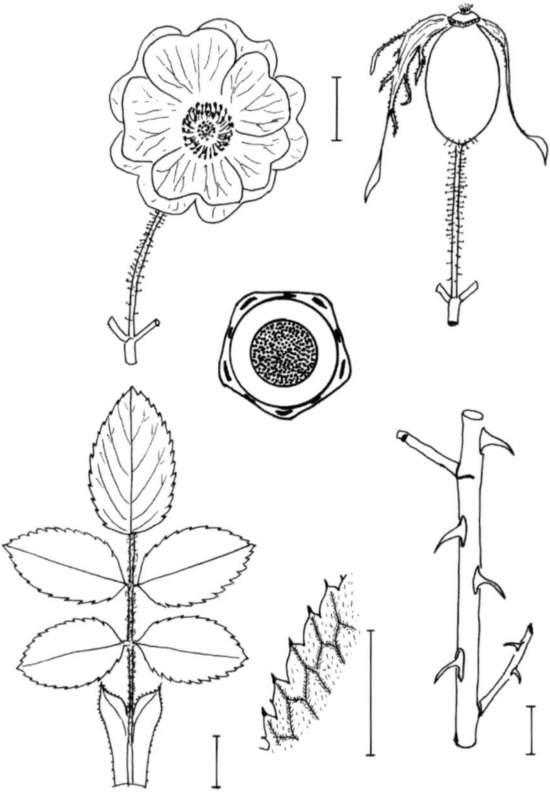

(11) Weiße Rose

(12) Griffel-Rose, Verwachsengrifflige Rose (Tafel 11)

Rosa stylosa Desvaux 1809

Gestalt: Bis übermannshoher, aufrechter auch kletternder Strauch, Stacheln kräftig, hakig, Blütenzweige auch stachellos. Blatt 5- bis 7-zählig; Blättchen im Umriss oft ähnlich dem »Kerzenflammenschema« zipfelig, einfach gesägt, glatt, unterseits auf den Adern locker behaart, Blattstiel flaumig, mit kleinen Stacheln. Blütenstiel deutlich länger als der ovale Kelchbecher, zur Blütezeit noch locker behaart, mit verschieden dicht stehenden Stieldrüsen, aber auch ganz ohne Haare und Drüsen. Blütezeit etwa mit der Hunds-Rose im Juni.
Kelchblattrücken flaumig behaart, nach dem Abblühen zurückgeschlagen, bald abfallend.
Kronblätter hellrosa bis weißlich, gelbes Farbmal.
Diskus kegelförmig mit engem Griffelkanal, Griffel zu einem Sträußchen gebündelt oder Säulchen verklebt, kürzer als die Staubfäden.
Frucht meist länglich-eiförmig, galtt.

Standort: An warmen (Trauben- und Flaum-Eichen-) Waldrändern, als Tiefwurzler auf kalkhaltigen Lehmböden, auch im Trockengebüsch.

Verbreitung: Westeuropäische Rose von Irland bis Nordspanien, Ostgrenze im Schweizer Jura und am Oberrhein, isoliertes Vorkommen im mittleren Westfalen, am Niederrhein erloschen.

Anmerkung: In Deutschland gefundene Formen weisen zum Teil nicht alle Kennzeichen der Art auf. Daher sind Fehlbestimmungen möglich wie Verwechslung mit *R. canina* var. *andegavensis*.

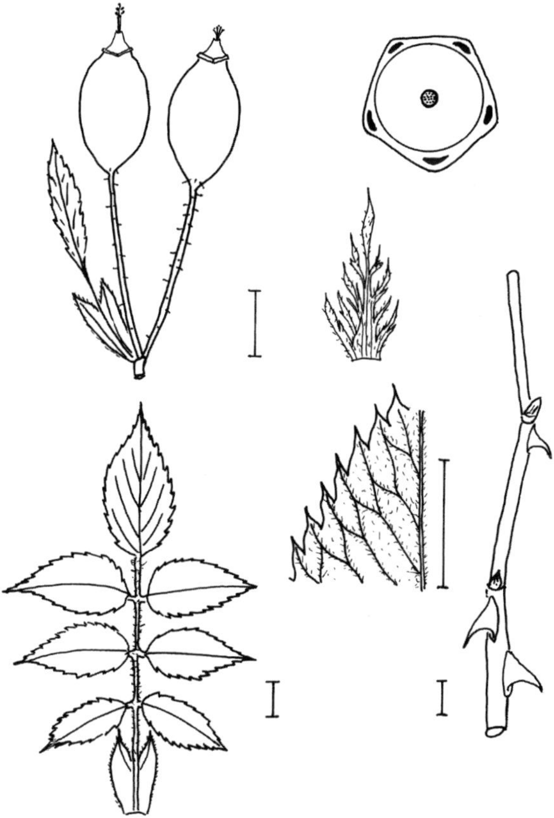

(12) Griffel-Rose

Tafel 11

Foto: Stefan Ruge

Foto: Lukas Stempin

Griffel-Rose
Rosa stylosa

Foto: Stefan Ruge

Foto: Lukas Stempin

Raublättrige Rose
Rosa jundizillii

(13) Raublättrige Rose (Tafel 12)

Rosa jundzillii Besser 1816
(*Rosa trachyphylla* Rau 1816, *Rosa marginata* Wallroth 1815)

Gestalt: Bis übermannshoher Strauch, auch mit Ausläufern. Stacheln kräftig, gerade bis gebogen. Blätter 5- bis 7-zählig, Blättchen breitoval, große Zähne, drüsig unterteilt; oberseits kahl, auch glänzend, unterseits die kräftigen Adern und der Blattstiel durch Drüsen und Drüsenborsten »rau«, derb, kahl oder leicht flaumig.
Fruchtstiel dicht mit Stieldrüsen und Drüsenborsten bestanden, die auch auf die Basis der Frucht übertreten können.
Äußere Kelchblätter mit drüsengesäumten, geteilten Anhängseln, Rücken auch behaart, nach dem Abblühen zurückgeschlagen, abfallend.
Kronblätter groß, lebhaft rosa. Griffelkanal weit, 1/2 des Diskus; Narbenköpfchen breit, wollig, Blütezeit etwa mit der Hunds-Rose im Juni.

Standort: An Rändern warmer, lichter Eichen-Kiefernwälder und entsprechender Feldhecken, an alten Weinbergrändern.

Verbreitung: Vom Schwarzmeergebiet am Nordrand der Karpaten und Alpen bis Mittelfrankreich, collin bis montan, ein pontisch-gemäßigt kontinentales Florenelement. Stark zurückgegangene Vorkommen in den Hügelländern an Neckar und Main mit den Nebenflüssen, an Altmühl, Donau und Bodensee. Selten geworden auch im Schweizer Jura und Mittelland sowie in Österreich.

Anmerkung: Im gleichen Jahr 1816 beschrieben Willibald Besser in Wolhynien und Ambrosius Rau in Würzburg Rosen, die sich durch die farbigere, größere Blüte und das gröbere Laub von *Rosa canina* deutlich unterscheiden. Seit H. Christ (1873) werden beide als »Raublättrige Rose« zusammengefasst. Es handelt sich um einen vielgestaltigen Formenkreis außerhalb von *Rosa canina*. Verwechslungsgefahr besteht gegenüber Varietäten von *R. canina* und *R. dumalis* mit stieldrüsigen Fruchtstielen.

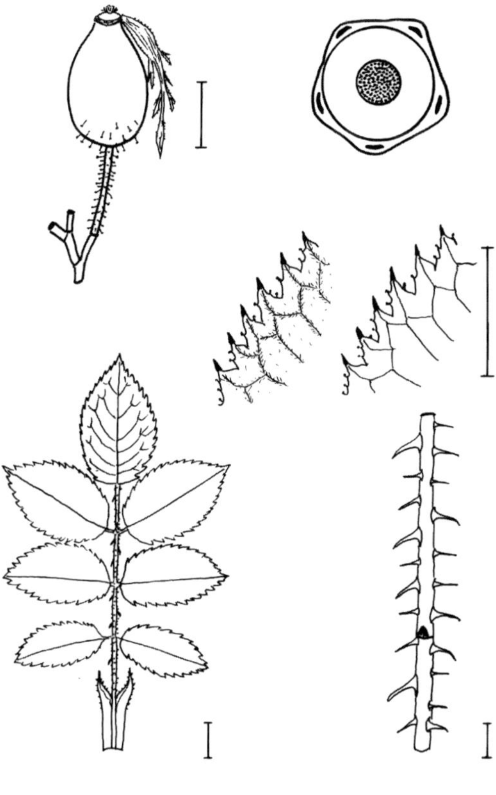

(13) Raublättrige Rose

(14) Flaum-Rose, Stumpfblättrige Rose (Tafel 13)

Rosa tomentella Léman 1818
(*Rosa obtusifolia* auct. non Desvaux 1809

Gestalt: Bis übermannshoher, aufrechter Strauch, mit bogigen, dichten Zweigen, auch mit Ausläufern. Stacheln groß, hakig. Blätter 5- bis 7-zählig, dunkelgrün glänzend; Blättchen rundlich, klein, ähnlich der Weinrose, mit runzliger Oberseite, wenigstens in den Rinnen der Adern locker behaart; Zähne drüsig unterteilt; Adern der Blattunterseite und Blattstiel flaumig behaart, mit rötlichen Drüsen unterschiedlicher Dichte.
Blütenstand meist mehrblütig. Blütenstiel länger als der Kelchbecher, glatt, sehr selten auch mit Stieldrüsen. Äußere Kelchblätter mit breiten, geteilten Anhängseln, von wenigen Drüsen gesäumt, Rücken ohne Drüsen, nach dem Abblühen zurückgeschlagen, bald abfallend.
Kronblätter weiß, in der Knospe blassrötlich. Diskus leicht gewölbt, breit mit engem Griffelkanal; schlankes, wolliges Griffelbündel mit kugeligem Narbenköpfchen.
Frucht kugelig mit krugförmigem Hals auf längerem Stiel, reif scharlachrot.
Blühbeginn später als bei der Hunds-Rose (Juni), aber frühere Fruchtreife.

Standort: An sonnigen, alten Waldrändern und entsprechenden Feldhecken, freistehend auf Schafweiden; auf kalkhaltigem Lehmboden, von der Ebene bis in höhere Berglagen.

Verbreitung: Mitteleuropäische Wildrose mit Schwerpunkt in den süddeutschen Mittelgebirgen bis zu den Alpen, zerstreut bis selten, ein subatlantisch-submediterranes Florenelement.

Anmerkung: Die Drüsenausstattung kann stark variieren, sodass die Grenze zur drüsenlosen *Rosa corymbifera* unscharf wird. Auf die Abgrenzung zur reichdrüsigen *Rosa rubiginosa* mit duftenden Blättern weist H. Christ hin: »unberührt geruchlos, gerieben von schwachem, lieblichem Apfelduft«.

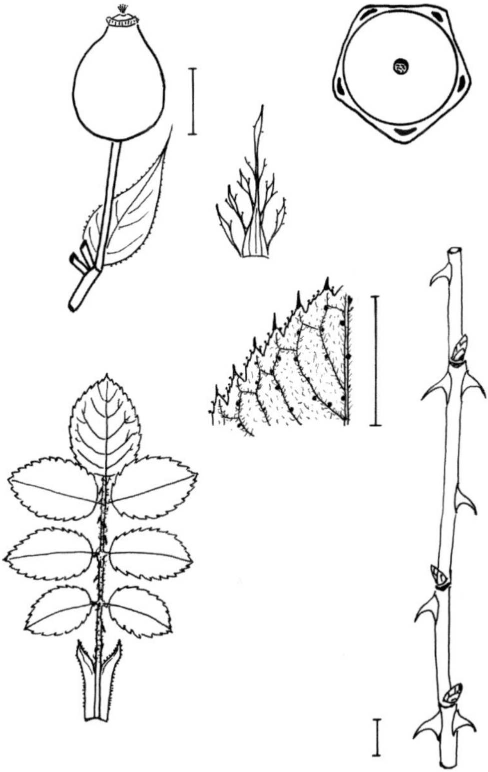

(14) Flaum-Rose

Tafel 13

Foto: Theo Müller

Foto: Stefan Ruge

Flaum-Rose
Rosa tomentella

Tafel 14

Fotos: Stefan Ruge

Tannen-Rose
Rosa abietina

(15) **Tannen-Rose** (Tafel 14)

Rosa abietina Grenier ex Christ 1873

Gestalt: Bis übermannshoher, gedrungener Strauch, mit kräftigen, gekrümmtem Stacheln, ähnlich der Flaum-Rose. Blätter 7-zählig, Blättchen breit rundlich, oberseits dunkelgrün, locker anliegend behaart; Unterseite vor allem auf den Adern und am Blattstiel flaumig bis filzig behaart, mit roten Drüsen; Blattzähne drüsig unterteilt.
Blütenstand ein- bis wenigblütig. Blütezeit Juni bis Juli.
Blütenstiel deutlich länger als der meist kugelige Kelchbecher, mit Stieldrüsen, die auch auf den Kelchbecher übertreten können; Kelchblätter auf dem Rücken dicht drüsig, die äußeren mit drüsig gesägten und geteilten Anhängseln; nach dem Abblühen zurückgeschlagen, bis ausgebreitet, lange bleibend.
Kronblätter klein, rosenrot bis blassrosa.
Diskus leicht gewölbt, Griffel behaart, Griffelkanal weit.
Frucht eher kugelig, von der Basis her mit Stieldrüsen.

Standort: An Rändern der Bergwälder und in entsprechenden Hecken; auf Lehmböden.

Verbreitung: In den Westalpen teilweise häufig, östlich bis Tirol und Oberbayern, selten im Jura bis zum Randen beobachtet.

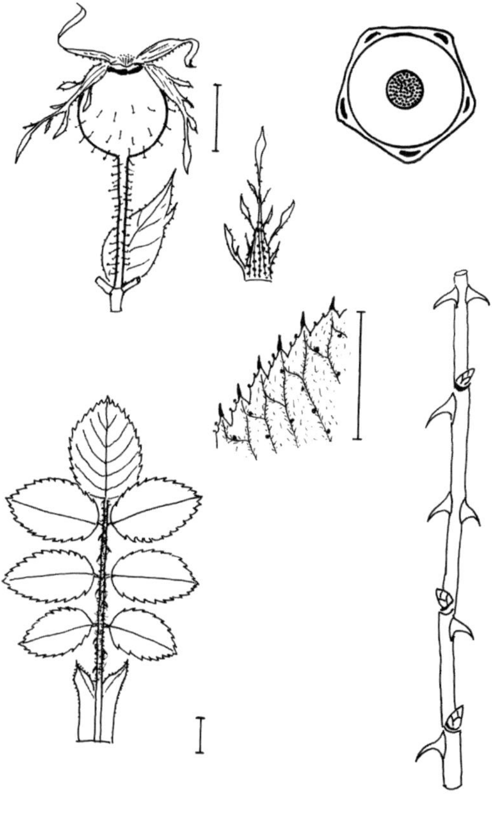

(15) Tannen-Rose

(16) Hunds-Rose (Gesamtart; Tafel 15)

Rosa canina L. 1753 s.l.
(*Rosa canina* agg. Ehrendorfer 1973)

Gestalt: Bis übermannshoher,auch kletternder Strauch, mit bogig, ausladenden Zweigen, hakigen Stacheln. Blätter meist 5- bis 7-zählig, frischgrün, glatt. Blättchenform meist eiförmig, mit weitem Spielraum zwichen breit-herzförmigem und keilförmigem Grund. Auf Blattstielrücken kleine, hakige Stacheln.
Blütenstand mehrblütig. Blütenstiel so lang wie oder länger als der Kelchbecher; äußere Kelchblätter mit unterteilten Anhängseln, nach dem Abblühen zurückgeschlagen und bald abfallend. Kronblätter hellrosa mit hellem Nagel; Diskus gewölbt bis kegelförmig, mit weitem Spielraum auch im gleichen Blütenstand; eiförmiger Griffelkanal, Durchmesser unter 1 mm bzw. 1/6 bis 1/8 des Diskus. Narbenköpfchen unbehaart bis dichter behaart. Frucht meist schlank eiförmig mit Übergängen zu krugförmig und verkehrt eiförmig bis birnförmig, so in der Mitte eines Blütenstandes.
Blütezeit meist im Juni, Fruchtreife spät: Oktober bis November.

Standort: Als Tiefwurzler auf mäßig trockenen, nicht nassen, tiefgründigen, auch felsigen Lehmböden bis zu lehmigen Sandböden mit weitem Spielraum des Kalk- und Stickstoffgehalts. Als Lichtholzart an besonnten Waldrändern, auf Weideflächen und Ödland, in Feldhecken, im Schlehen-Ligusterbusch, auch im Sanddornbusch.

Verbreitung: Von Nordwestafrika über ganz Europa bis 62°n. Br. und bis Westasien, heute in Nordamerika eingebürgert. Von den Tiefebenen bis zu den Hügelländern die häufigste Wildrose, wird aber auch hochmontan noch angetroffen.

Anmerkung: Die Variabilität der Hunds-Rose ist sehr groß. Standortbedingte und genetisch festgelegte Merkmale sind schwer voneinander zu trennen. Während viele Floren die Hunds-Rose kurz als Sammelart behandeln, werden auf den folgenden beiden Seiten nach dem Fehlen oder Vorhandensein von Drüsen an Blättern und Blütenorganen 5 Varietäten unterschieden. Wegen ihrer Robustheit wird die Hunds-Rose von Baumschulen in großem Umfang kultiviert. Die starkwüchsige, ausläuferarme Sorte »Inermis« dient als Verdedelungsunterlage für Freiland- und Gewächshausrosen.

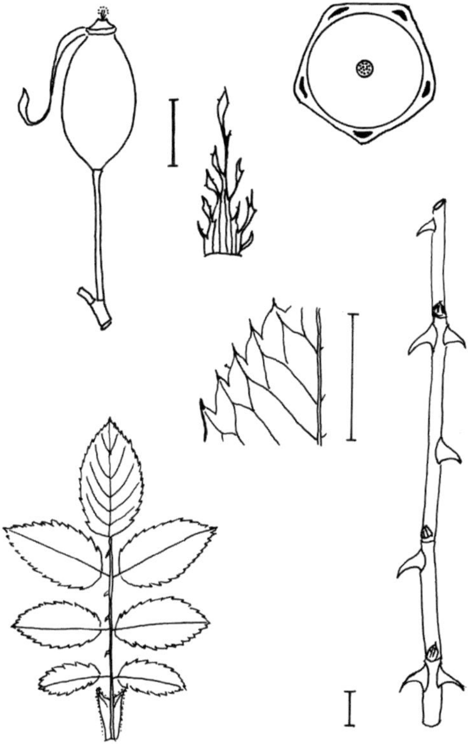

(16) Hunds-Rose

(17) Gewöhnliche Hunds-Rose

Rosa canina L. var. canina (= *Rosa canina* L. 1753 s.str., *Rosa lutetiana* Léman 1818, *Rosa vulgaris* Gams 1923)

Gestalt: Blättchenrand mit nur einfachen, nicht geteilten Zähnen; keine Drüsen an Blättern und Blütenorganen, höchstens einzelne »verlorene« Drüsen; am Rand der Nebenblätter kommt ein schwacher Drüsensaum vor.
Verbreitung: Gebietsweise eher selten bis gelegentlich vorherrschend gegenüber var. *glandulosa*.

(18) Drüsige Hunds-Rose

Rosa canina L. var. glandulosa Rau 1816
(*Rosa canina* L. var. *dumalis* auct.)

Gestalt: Außenrand der Blattzähne durch drüsentragende Nebenzähne unterteilt, auch auf kürzerem Vorderrand einzelne Drüsen möglich. Blattstiele mit kurzgestielten Drüsen bestanden, diese auch auf Mittelrippe der Endblättchen; Nebenblätter drüsig gesäumt. Die Drüsendichte kann am gleichen Strauch je nach Besonnung der Zweige große Unterschiede aufweisen.
Verbreitung: Neben der Gewöhnlichen Hunds-Rose gebietsweise eher vorherrschend bis gelegentlich selten.

(19) Raue Hunds-Rose

Rosa canina L. var. scabrata Crépin ex Scheutz 1872

Gestalt: Blattzähne dicht drüsig unterteilt. Drüsen wenigstens auch auf der Mittelrippe der Endblättchen; dichte schwarzrote Drüsen am Blattstiel, mit häkchenartigen Stacheln an der Unterseite namengebend; Nebenblattrand dicht drüsig, Drüsen auch auf der Öhrchenaderunterseite, am deutlichsten an den unteren Blättern eines Blütenzweigs. Fruchtstiel, Frucht und Kelchblattrücken ohne Drüsen, Kelchblattanhängsel mit einzelnen Drüsen.
Verbreitung: Im Gebiet der Hunds-Rose, aber selten.

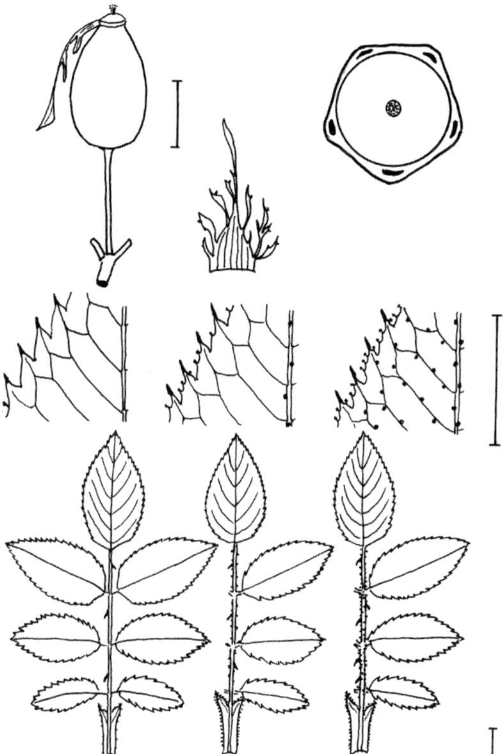

17 18 19

(17) Gewöhnliche Hunds-Rose
(18) Drüsige Hunds-Rose
(19) Raue Hunds-Rose

(20) Blondeaus Hunds-Rose

Rosa canina L. var. blondaeana (Ripart ex Déséglise) Crépin 1892

Gestalt: Blattzähne dicht drüsig unterteilt; Drüsen auch auf der Mittelrippe und den Seitenadern 1. Grades; Blattstiel dicht mit schwarzroten Drüsen besetzt; Nebenblattrand dicht drüsig gesäumt bis gefranst; Drüsen auch auf der Öhrchenaderunterseite, am deutlichsten an den unteren Blättern eines Blütenzweigs.
Fruchtstiel mit Stieldrüsen, teilweise auch die Basis der Frucht; Kelchblattrücken mit Drüsen, Anhängsel drüsig gefranst. Ähnlich die reichstachelige var. *verticillacantha* Baker 1869, Nebenblattunterseite jedoch ohne Drüsen. Wegen der Verwechslungsmöglichkeit mit *Rosa subcanina* var. *adenophora* s. Nr. (25).
Verbreitung: Im Gebiet der Hundsrose sehr selten.
Anmerkung: Zu Ehren des Rosenkenners Pierre Blondeau (1765–1841), Méhun bei Bourges, Pfarrer, benannt.

(21) Anjou-Hunds-Rose

Rosa canina L. var. andegavensis (Bastard) Desportes 1828
(*Rosa andegavensis* Bastard 1809)
Gestalt: Blattzähne einfach, ohne Drüsen; Mittelrippe und Blattstiel drüsig; Nebenblätter drüsig gesäumt.
Fruchtstiel auch länger als die ovale bis kugelige Frucht, mit Stieldrüsen und Drüsenborsten, die auch auf die Basis oder die ganze Oberfläche der Frucht übertreten; Kelchblattrücken mit Drüsen, Anhängsel kaum drüsig.
Variabilität: Zur Anjou-Rose werden auch Übergangsformen zur Gewöhnlichen Hunds-Rose mit schwacher Ausbildung von Stieldrüsen am Fruchtstiel gezählt. Drüsige Blütenstiele finden sich z. T. nur an gut besonnten Zweigen, während schattenseitige Zweige des gleichen Strauchs keine Drüsen ausbilden. Auch können durch den Standort benachteiligte Sträucher in manchen Jahren überhaupt keine Stieldrüsen hervorbringen. Wegen der Verwechslungsmöglichkeit mit *Rosa subcanina* var. *intromissa* siehe Nr. (25).
Verbreitung: Allgemein im Gebiet der Hunds-Rose, aber selten und als Übergangsform zur var. *canina* oft nicht beachtet.

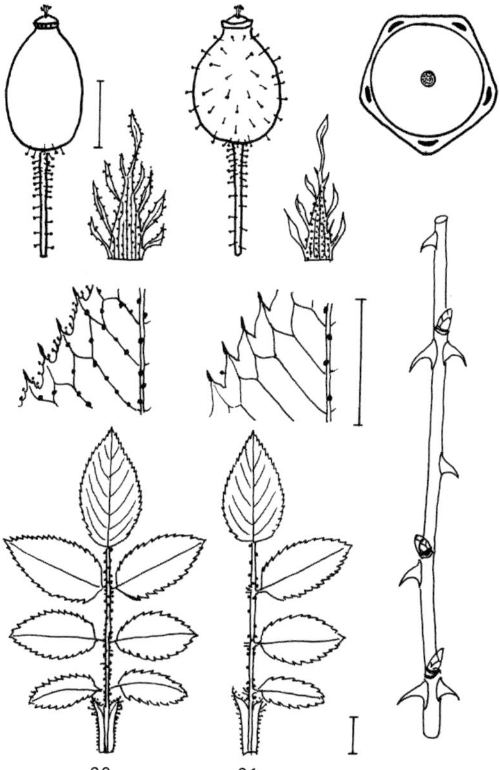

Anmerkung zu (21): Benannt benannt von dem Arzt und Botaniker T. Bastard (1874–1846), nach der Landschaft Anjou, einst Sitz des Gallierstamms der Andegavi an der unteren Loire.

(20) Blondeaus Hunds-Rose
(21) Anjou-Hunds-Rose

Tafel 15

Fotos: Peter Banzhaf

Hunds-Rose
Rosa canina

Fotos: Peter Banzhaf

Vogesen-Rose
Rosa dumalis

(22) **Vogesen-Rose** (Tafel 16)

Rosa dumalis Bechstein 1810
(*Rosa vosagiaca* auct. *Rosa glauca* Villars ex Losel. 1809 non Pouret 1788, *Rosa reuteri* [Godet] Reuter 1861)

Gestalt: Bis mannshoher, gedrungener Strauch, hakige Stacheln; Blätter meist blaugrün glänzend, breiter als bei der Hunds-Rose; Nebenblätter breit, gewölbt, mit langen Öhrchen; große, breite laubige Hochblätter umhüllen die Blütenstände, kurze Blütenstiele. Kelchbecher und Frucht meist kugelig, Mittelbutte im Fruchtstand birnförmig, kurz gestielt; Kelchblätter lang, nach dem Abblühen sich aufrichtend und als Schopf lange, auch bis in den Winter bleibend; Kronblätter lebhaft rosenrot; Diskus schlüsselförmig, mit bis 2 mm weitem Griffelkanal, etwa 1/3 des Diskus ; breites, weißwolliges Narbenköpfchen.
Blütezeit etwa mit der Hunds-Rose, Juni, aber frühe Fruchtreife im September.

Variabilität: Neben der fast drüsenlosen var. *typica* Christ 1873 finden sich im Gebiet auch die var. *myriodonta* Christ 1873 mit reichdrüsig unterteilten Blattzähnen und die var. *transiens* Kerner 1870 mit Stieldrüsen an Fruchtstiel und Frucht, sowie am Kelchblattrücken, aber drüsenlosen Blattzähnen.

Standort: Vorwiegend auf nicht kalkarmen, tiefgründigen bis steinigen Böden der Berglagen; Charakterart des montanen Hasel-Rosenbuschs (Corylo-Rosetum vosagiacae Oberd.), an Wald- und Wegrändern und auf Schafweiden.

Verbreitung: Im ganzen Gebiet der Hunds-Rose, in Skandinavien darüber hinaus bis 68° n. Br. vordringend, mit Schwerpunkten in den Berglagen, montan bis hochmontan oft an ihre Stelle tretend; ein praealpin-nordisches Florenelement.
Hauptvorkommen nördlich der Alpen: Jura und Schwäbische Alb.

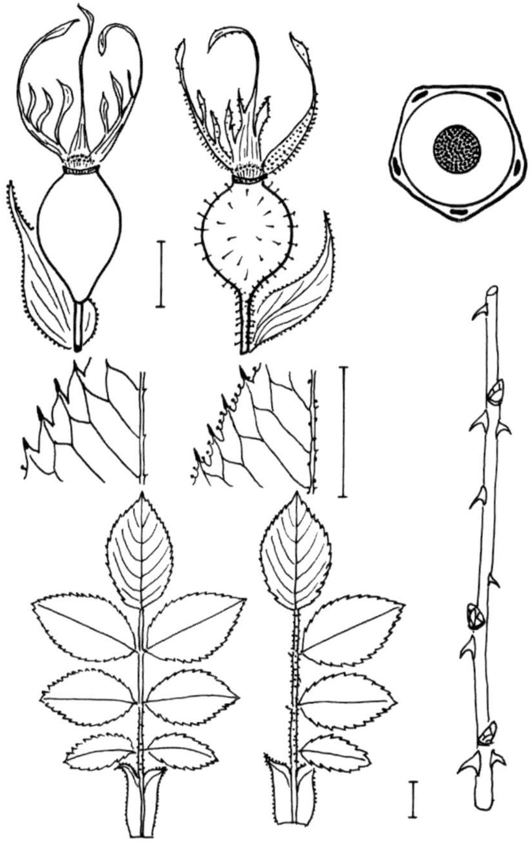

(22) Vogesen-Rose

(23) Berg-Rose

Rosa montana Chaix 1786

Gestalt: Bis übermannshoher Strauch von eher lockerem Wuchs, Rinde oft dunkelrotbraun; Stacheln leicht gebogen bis fast gerade. Blätter 5- bis 7-zählig, satt blaugrün, auch rotviolett überlaufen; Nebenblätter breit, drüsig gesäumt; Blättchen rundlich bis oft eiförmig, selten auch keilig, sich nicht berührend, unbehaart, Zähne drüsig unterteilt; kahler Blattstiel mit schwarzbraunroten Drüsen, diese auch auf Adern der Blattunterseite. Blüte meist einzeln, klein, hellrosa.
Fruchtstiel nicht länger als die Frucht, dicht mit schwarzroten Stieldrüsen und Drüsenborsten bestanden, auch die meist große eiförmige Frucht unter dem Diskus zu einem Hals verengt; Fruchtwand auch drüsenarm bis drüsenlos. Kelchblätter später aufgerichtet, Rücken und Ränder dicht drüsig, die äußeren mit Anhängseln nach Hunds-Rosenart, daneben Übergangsformen zur Rotblättrigen Rose mit fädlichen oder keinen Anhängseln.
Diskus flach mit weitem Griffelkanal, etwa 1/2 des Diskus-Durchmessers. Blütezeit Juni, Juli.

Standort: Sonnige, steinige Berghänge, auf Kalk- wie auf kalkfreiem Gestein; collin bis montan, an günstigen Hängen auch bis hochmontan steigend.
Verbreitung: Vom Schweizer Jura über das Wallis und die Westalpen bis zu den Gebirgen der westlichen Mittelmeerländer, selten.
Anmerkung: Zur Berg-Rose werden auch Übergangsformen zur Rotblättrigen Rose gestellt, vgl. Nr. 5.

(24) Chavins Rose

Rosa chaavinii Rapin 1861 (*R. montana* subsp. *chavini* in Hegi 1923)

Gestalt: Ähnlich der Berg-Rose, aber kräftiger rote Blüten; Kelchblätter nach der Blüte zurückgeschlagen, später abfallend. Blütezeit Juni, Juli.
Standort und Verbreitung: Im Berberitzengebüsch sommerwarmer Lagen; im Jura, Wallis und Tessin, collin bis montan.
Anmerkung: Benannt zu Ehren des Abbé Chavin (1799–1868), Erforscher der Flora des Salève bei Genf.

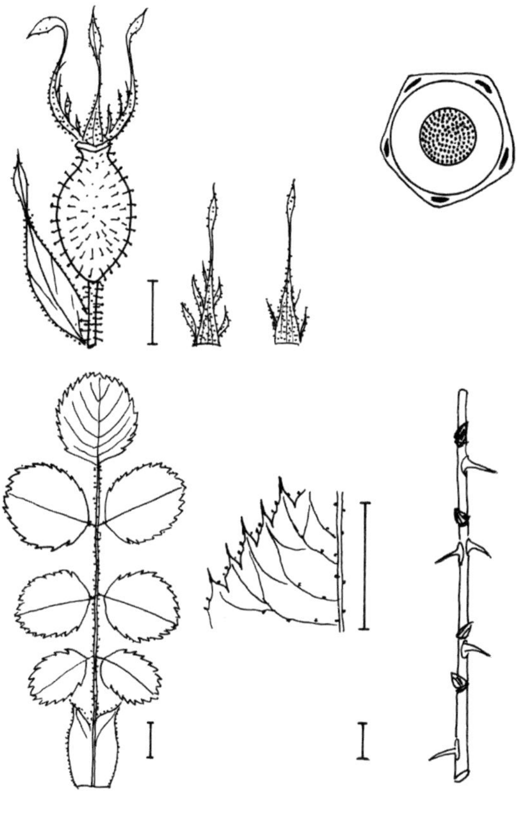

(23) Berg-Rose

(25) Fast-Hunds-Rose, Falsche Hunds-Rose (Tafel 17)

Rosa subcanina (Christ) R. Keller 1891
(*Rosa reuteri* f. *subcanina* Christ 1873,
Rosa dumalis Bechstein subsp. *subcanina* [Christ] Soó 1972)

Gestalt: Vogesen-Rosenformen, bei denen ein Teil der Merkmale durch canina-ähnliche Merkmale ersetzt ist, werden seit H. Christ (1873) unter dem Namen »*subcanina*« = Fast-Hunds-Rose gesondert betrachtet. Es kommen v. a. folgende Merkmale in Betracht: höherer und lockerer Wuchs, weniger breite Nebenblätter, weniger große Hochblätter, längerer Fruchtstiel, ausgebreitete bis zurückgeschlagene, früher abfallende Kelchblätter, engerer Griffelkanal von etwa 1/4 des Diskus-Durchmessers, der aber deutlich weiter als bei der Hunds-Rose ist. Blütezeit Juni, Juli.

Variablität: Zu *Rosa subcanina* zählen auch drüsige Formen, die mit entsprechenden *canina*-Varietäten verwechselt werden können: var. *adenophora* R. Keller 1901, mit einfach gesägten Blättern, aber drüsigem Fruchtstiel, verwechselbar mit *R. canina* var. *andegavensis*, ferner var. *intromissa* R. Keller 1901, mit drüsig unterteilten Blattzähnen und drüsigem Fruchtstiel, verwechselbar mit *R. canina* var. *blondaeana*. Durch weiteren Griffelkanal und breitere Nebenblätter unterscheiden sie sich jedoch von den entsprechenden Hunds-Rosen-Varietäten. Verwechselt werden kann var. *intromissa* auch mit *R. jundizillii*, die aber derbere Blätter und größere Blüten besitzt.

Standort: Wie Hunds-Rose bzw. Vogesen-Rose.

Verbreitung: Im Gebiet der Vogesen-Rose, aber über dieses deutlich in die Ebenen hinausgehend, montan bis planar.

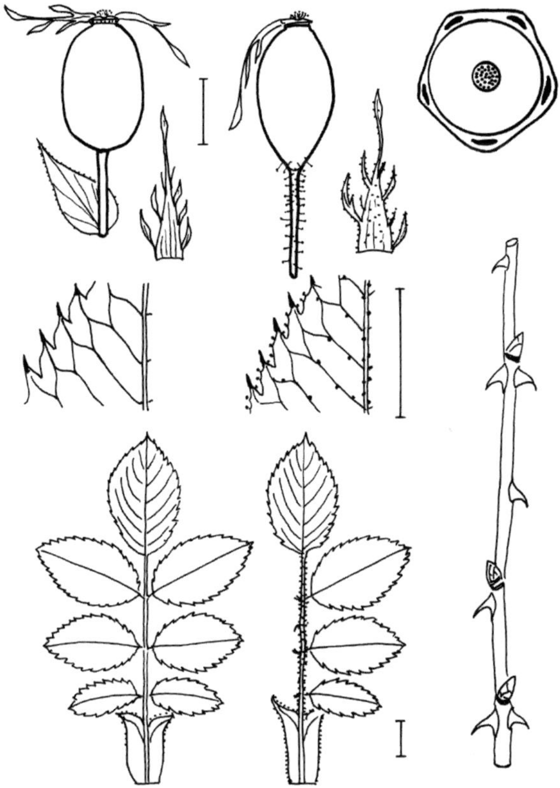

(25) Fast-Hunds-Rose

Tafel 17

Foto: Peter Banzhaf

Foto: Stefan Ruge

Fast-Hunds-Rose
Rosa subcanina

Foto: Michael Hassler

Foto: Stefan Ruge

Leder-Rose
Rosa caesia

(26) Leder-Rose, Lederblättrige Rose (Tafel 18)

Rosa caesia Smith in Sowerby et Smith 1812
(*Rosa coriifolia* Fries 1814)

Gestalt: Höchstens schulterhoher, dichter Strauch, hakige Stacheln; Blätter groß mit breiten Nebenblättern, behaart, im Frühjahr blaugrün schimmernd, Behaarung oberseits abnehmend, wenigstens in den Aderrinnen bleibend, unterseits grau behaart; Blattstiel filzig behaart; kurzgestielte Blütenstände von großen, laubigen Hochblättern umhüllt.
Kelchbecher kugelig, auch oval, Kelchblätter grau behaart, Rücken ohne Drüsen, äußere mit laubigen Anhängseln, nach dem Abblühen abstehend und später aufgerichtet, lange, auch bis in den Winter bleibend.
Kronblätter lebhaft rosa; Diskus eher schlüsselförmig mit weitem Griffelkanal, Durchmesser 1 bis 2 mm, wolliges, breites Narbenköpfchen.

Variablität: Wie bei *Rosa dumalis* treten auch hier drüsenreiche Sippen auf: var. *kerneri* R. Keller 1901, mit drüsenborstigen Fruchtstielen und Früchten, drüsigem Kelchblattrücken, var. *cinerea* Grenier 1864, mit drüsig unterteilten Blattzähnen u. a.
Blütezeit im Juni, mit Vogesen- und Hunds-Rose. Fruchtreife früh, ab Ende August.

Standort: Auf kalkreichen, steinigen Lehmböden, Lesesteinhaufen, an sonnigen Waldrändern, in Feldhecken, mit *Rosa dumalis* im montanen Hasel-Rosenbusch.

Verbreitung: Wie *Rosa dumalis* in Nord- und Mitteleuropa, im Süden viel seltener, collin bis montan, ein praealpin-nordisches Florenelement.

Anmerkung: Der Name »Leder«-Rose kann nicht als Kennzeichen eines besonderen Artmerkmals gewertet werden. An trockenen, sonnigen Standorten bilden auch andere *canina*-verwandte Rosen »lederartige« Blätter aus. Gelegentlich wird als selbständige Art die Urner-Rose (*Rosa uriensis* Lagger et Puget) von der Leder-Rose abgetrennt.

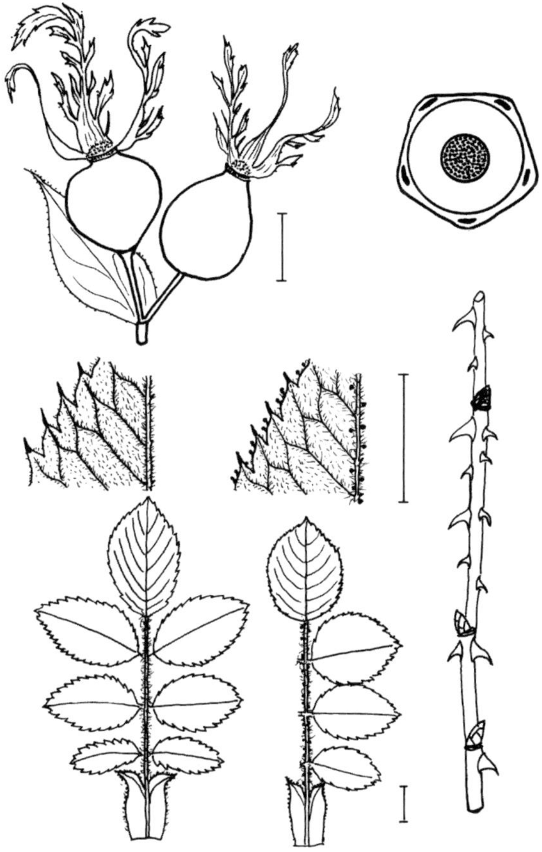

(26) Leder-Rose

(27) Bündner Rose

Rosa rhaetica Gremli 1881

Gestalt: Bis mannshoher, gedrungener Strauch. Neben kräftigen, gebogenen auch gerade Stacheln und Stachelborsten, unter den Blattachseln oft paarig oder quirlig gehäuft. Blätter 5- bis 7-zählig, grün mit breiten Nebenblättern; Blättchen überwiegend rundlich, aber auch keilig; Blattoberseite mit anliegenden Haaren und mit Drüsen, Blattunterseite und Blattstiel flaumig-filzig, drüsenreich; Blattzähne reichdrüsig unterteilt.
Blüten klein, rot. Fruchtstiel nicht länger als die Frucht, meist dicht drüsig; Frucht kugelig; Kelchblätter nach dem Abblühen aufgerichtet, Rücken und Ränder dicht drüsig.
Diskus flach mit weitem Griffelkanal, etwa 2 mm oder 1/2 des Diskus-Durchmessers; breites, wolliges Narbenköpfchen.
Blütezeit Juni bis Juli.

Standort: Sonnige, steinige Hänge zentralalpiner Trockentäler.

Verbreitung: Nur im Engadin, im oberen Tiroler Inntal und im oberen Addatal, montan bis hochmontan.

Anmerkung: Mit dem sehr engen Verbreitungsgebiet ist die Bündner-Rose ein bemerkenswertes Beispiel für eine endemische Art begrenzter Alpentäler. Zur Blütezeit ist sie zusammen mit anderen montanen Rosen wie *Rosa pendulina*, *R. dumalis* und *R. villosa* eine Zierde der Gebirgslandschaft, ebenso im Spätsommer im Schmuck der reifenden Früchte.

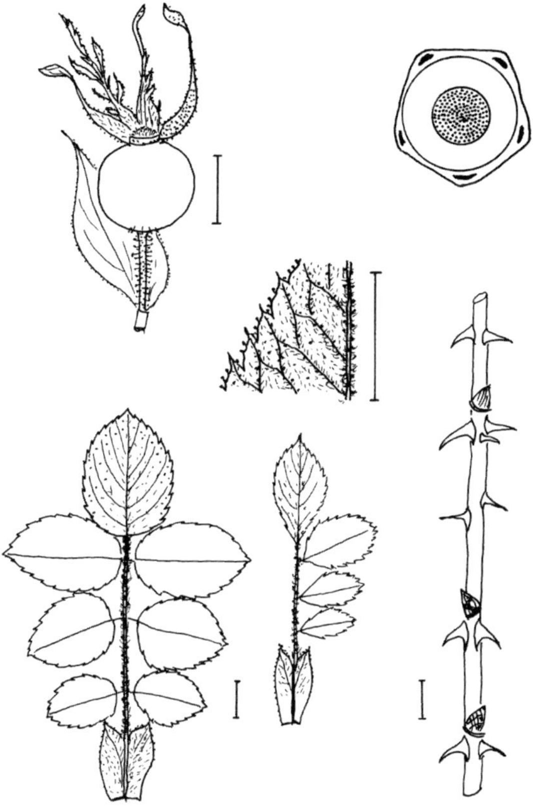

(27) Bündner Rose

(28) **Fast-Busch-Rose, Falsche Hecken-Rose** (Tafel 19)

Rosa subcollina (Christ) R. Keller 1891
(*Rosa coriifolia* f. *subcollina* Christ 1873, *Rosa caesia* Smith subsp. *subcollina* [Christ] Soó 1972)

Gestalt: Leder-Rosenformen, bei denen ein Teil der Merkmale durch *corymbifera*-ähnliche Merkmale ersetzt ist, werden seit H. Christ 1873 unter dem Namen »*subcollina*« = Fast-Busch-Rose gesondert behandelt. Es kommen vor allem folgende Merkmale in Frage: höherer und lockerer Wuchs, weniger breite Nebenblätter, weniger große Hochblätter, längerer Fruchtstiel, ausgebreitete bis zurückgeschlagene, früher abfallende Kelchblätter, engerer Griffelkanal von etwa 1/4 des Diskus. Die Behaarung der Blattoberseite ist schwächer als bei der *R. caesia* und findet sich auf der Blattunterseite wenigstens auf den Adern und deutlich am Blattstiel.
Blütezeit Juni wie die Leder-Rose. Fruchtreife früh, ab Ende August.

Variabilität: Die sehr veränderlichen Formen der *Rosa subcollina* gehen fast unmerklich in die Formen der *Rosa corymbifera* über, so dass eine Entscheidung über die Artzugehörigkeit u. U. schwerfällt. Im Zweifelsfall ist das maßgebliche Kennzeichen die Weite des Griffelkanals.

Standort: Wie *Rosa caesia* und *Rosa corymbifera*.

Verbreitung: Im Gebiet der Leder-Rosen, aber über dieses in die Ebenen hinausgehend, montan bis planar.

Anmerkung: H. Christ bezog den Namen »*subcollina*« auf die von A. De Candolle 1815 benannte *Rosa collina* (= Hügel-Rose), die heute den Namen *Rosa corymbifera* trägt. Der deutsche Name schließt sich an den von J. Thuillier 1799 für die gleiche Rose geschaffenen Namen *Rosa dumetorum* (= Busch-Rose) an.

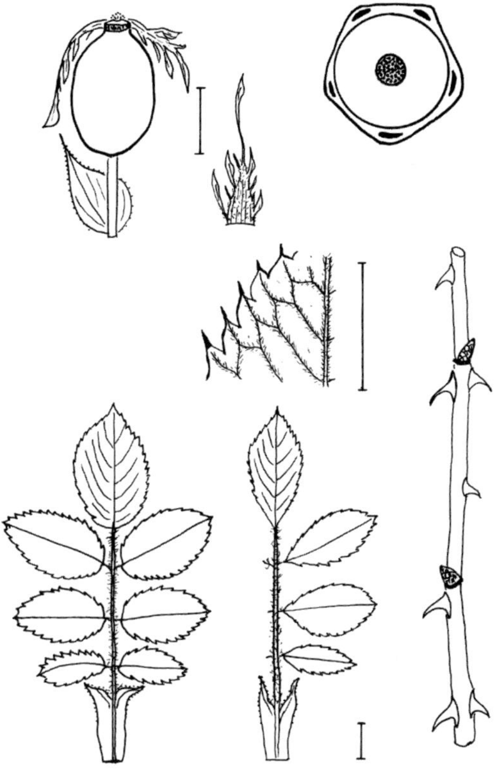

(28) Fast-Busch-Rose

Tafel 19

Fotos: Stefan Ruge

Fast-Busch-Rose
Rosa subcollina

Foto: Stefan Ruge

Foto: Lukas Stempin

Gewöhnliche Busch-Rose
Rosa corymbifera

(29) Gewöhnliche Busch-Rose, Hecken-Rose (Tafel 20)

Rosa corymbifera Borkhausen 1790 var. **corymbifera**
(*Rosa dumetorum* Thuillier 1799)

Gestalt: Bis übermannshoher, lockerer Strauch, ähnlich der Hunds-Rose, Stacheln hakig, aber Blätter behaart: Oberseite wenigstens in den Aderrinnen, Unterseite dichter, wenigstens auf den Hauptadern; Blattstiel flaumig bis filzig; Blättchen einfach gesägt, ohne Unterteilungen, höchstens einzelne »verlorene« Drüsen, z. B. am Blattstiel.
Kelchblätter wie bei der Hunds-Rose nach dem Abblühen straff zurückgeschlagen, bald abfallend.
Kronblätter blassrosa. Diskus gewölbt, Griffelkanal eng, Durchmesser unter 1 mm; Narbenköpfchen behaart bis schwach behaart. Frucht wie bei der Hunds-Rose meist eiförmig.
Blütezeit: Juni, mit der Hunds-Rose, Fruchtreife etwas früher.

Variabilität: Feine Flaumhaare zwischen den Blattstielrinnen und in der Nähe des Blättchenansatzes gelten bei *canina*-Formen nicht als Behaarung und bleiben bei der Bestimmung unberücksichtigt.
Neben den eindeutigen Formen mit einfacher Zahnung gibt es Formen mit beginnender Unterteilung der Zähne und häufigeren Drüsen: Übergangsformen zu *Rosa tomentella*. Außerdem besteht über Merkmale der Frucht, wie weniger enger Griffelkanal und länger bleibende Kelchblätter ein Übergang zu *Rosa subcollina*.

Standort: Wie die Hunds-Rose an Waldrändern, Böschungen, in Feldhecken.

Verbreitung: Im gleichen Gebiet wie *Rosa canina*, planar bis subalpin, zerstreut.

Anmerkung: Zu den Namen vergleiche die Anmerkung bei Nr. 28.

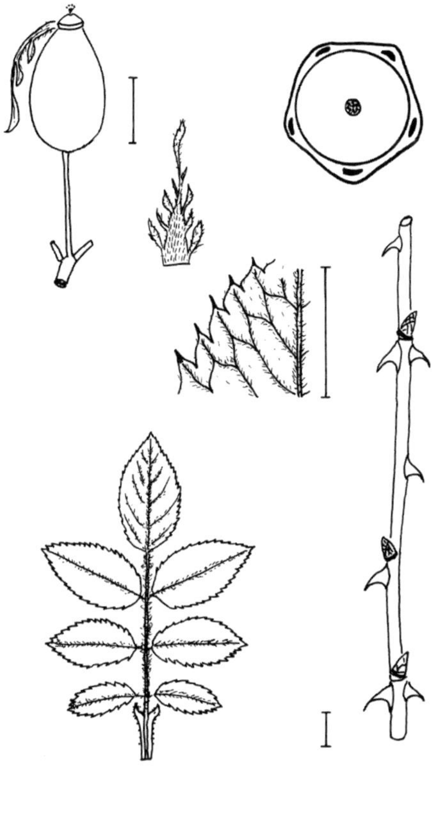

(29) Gewöhnliche Busch-Rose

(30) Déséglises Busch-Rose, Déséglises Hecken-Rose

Rosa corymbifera var. **deseglisei** (Boreau) Thiry 1891
(*Rosa dumetorum* var. *deseglisei* [Boreau] Seubert et Klein 1891)

Gestalt: Unterscheidet sich von der Gewöhnlichen Busch-Rose durch mäßig drüsenborstige Fruchtstiele und stieldrüsentragende Kelchblattrücken. Im übrigen ist sie wie diese: Diskus flach gewölbt, Griffelkanal eng, Durchmesser unter 1 mm. Narbenköpfchen schwach behaart. Frucht kugelig bis länglich oval. Blütezeit Juni.

Standort und Verbreitung: Wie die Busch-Rose, auch hochmontan, selten.

Anmerkung: Eine von der Baumschule O. Froebel in Zürich nach 1870 unter dem Namen »Froebeli« als Veredelungsgrundlage, auch für Hochstammrosen, in den Handel gebrachte Wildrose, wohl aus dem einstigen Russisch-Turkestan, wurde mit dem wissenschaftlichen Namen *Rosa dumetorum* var. *deseglisei* f. *trichoidea* R. Keller 1901 bezeichnet. Heute ist diese Rose unter dem Gärtnernamen **Rosa »Laxa«** (Tafel 21) in der Rosenvermehrung allgemein verbreitet. Sie findet sich nicht selten in Parkanlagen und Gärten als »durchgewachsener« Wildling. Sie fällt auf durch frühen Laubausbruch, weiches Laub (wohl namengebend), weiße Blüte und frühreifende ovale Hagebutten, auf die auch Drüsenborsten vom locker bedrüsten Fruchtstiel übertreten können. Sie verbreitet sich auch spontan in der Landschaft. Rosa »Laxa« hort. darf wegen der Namensgleichheit nicht verwechselt werden mit der in Innerasien wachsenden, ebenfalls weißblühenden *R. laxa* Retzidus, die mit ungeteilten Kelchblättern, auf der Frucht aufgerichtet bleibend, jedoch *R. majalis* nahesteht.

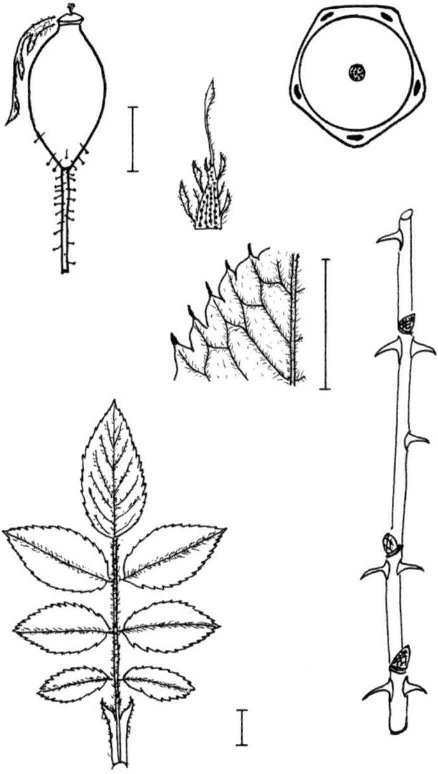

(30) Rosa »Laxa«

Tafel 21

Foto: Theo Müller

Foto: Lukas Stempin

Rosa »Laxa«

Foto: Stefan Ruge

Foto: Georg Timmermann †

Filz-Rose
Rosa tomentosa

(31) Filz-Rose (Tafel 22)

Rosa tomentosa Smith 1800

Gestalt: Bis schulterhoher Strauch; Stacheln fast gerade bis schwach gekrümmt, schlank; Blätter 5- bis 7-zählig, stumpf-graugrün, oberseits anliegend, unterseits und Blattstiel, breite Blattzähne mit kurzer Spitze; Fruchtstiel länger als das Tragblatt und deutlich länger als die kugelige Frucht, dicht stieldrüsig, oft auch die Frucht, gerieben mit harz- oder terpentinartigem Duft; Kelchblätter nach dem Abblühen ausgebreitet und früh abfallend.
Kronblätter weißlich, Diskus breit, leicht gewölbt, Griffelkanal eng; Durchmesser 1 mm und weniger; Narbenköpfchen behaart. Blütezeit mit der Hunds-Rose im Juni. Fruchtreife früh, September.

Standort: Licht- bis Halbschattenpflanze. An sonnigen Waldrändern und Felskanten, im Schlehen-Ligusterbusch, auch im Brombeer-Schlehenbusch; an warmen Plätzen bis in hochmontane Lagen steigend.

Verbreitung: Fast ganz Europa ohne den Norden und den Süden der Mittelmeerländer, zerstreut bis selten, ein submediterran-gemäßigt-kontinentales Florenelement.

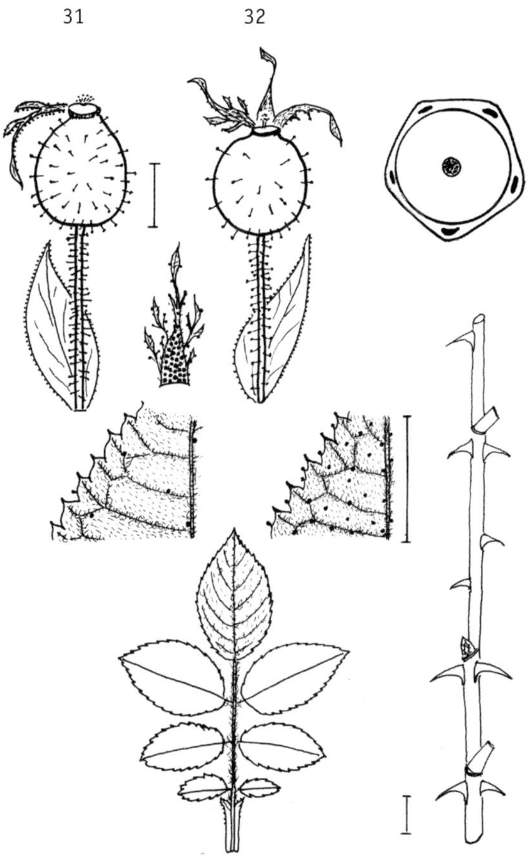

(31) Filz-Rose
(32) Kratz-Rose

(32) Kratz-Rose

Rosa pseudoscabriuscula (R. Keller) Henker & G. Schulze 1993
(*Rosa scabriuscula* auct. non Smith 1808,
Rosa tomentosa Smith s.l.p.p.)

Gestalt: Wie die Filz-Rose, aber Blattzähne mit drüsentragenden Nebenzähnen, Adernetz und Blattstiel drüsentragend. Blattstiel-Unterseite dichter mit harten, hakigen Stacheln besetzt: namengebend! Blatt- und Fruchtstiel gerieben mit harz- und oder terpentinartigem Duft. Kelchblätter nach dem Abblühen »flatterig« ausgebreitet und sich aufrichtend, lange, auch bis in den Winter, bleibend. Kronblätter blassrosa. Griffelkanal eng: Durchmesser 1 mm und weniger. Blühbeginn einige Tage vor der Hunds-Rose (Juni). Fruchtreife früh, September.

Standort und Verbreitung: Ähnlich wie die Filz-Rose, in Süddeutschland wahrscheinlich häufiger als diese.

Variabilität: Zwischen der Filz- und der Kratz- Rose bestehen fließende Übergänge, die sich in der Drüsenausstattung der Blätter und Blattzähne sowie im Verhalten der Kelchblätter zeigen. Ältere Floren haben daher diese beiden Arten nicht unterschieden.

Foto: Stefan Ruge

Foto: Peter Banzhaf

Kratz-Rose
Rosa pseudoscabriuscula

Foto: Stefan Ruge

Foto: Lukas Stempin

Samt-Rose
Rosa sherardii

(33) **Samt-Rose** (Tafel 23)

Rosa sherardii Davies 1813
(*Rosa omissa* Déséglise 1866)

Gestalt: Bis schulterhoher, kurzästiger Strauch. Stacheln gerade bis schwach gebogen; Blätter beidseitig dicht behaart, unterseits außerdem dicht drüsig; filzig-drüsiger Blattstiel; Blattzähne mit drüsentragenden Nebenzähnchen.
Fruchtstiel nicht stieldrüsig, kurz, nicht länger als die drüsenbestandene Frucht; Kelchblätter mit dicht drüsigem Rücken, kürzer als die Kronblätter, nach dem Abblühen aufgerichtet, bleibend. Kronblätter satt rosenrot mit hellem Nagel.
Diskusring schmal mit weitem Griffelkanal: Durchmesser um 2 mm. Narbenköpfchen breit, wollig.
Blütezeit etwa mit der Hunds-Rose im Juni, aber Fruchtreife früh, ab September.

Standort: An sonnigen Waldrändern und Felskanten, auf steinigen Lehmböden, im montanen Hasel-Rosenbusch.

Verbreitung: Seltene bis sehr seltene Rose der collinen bis montanen Stufe in Mitteleuropa, praealpin und alpin; wohl oft nicht erkannt. Im Ostseeraum teilweise verbreitet.

Variabilität: *Rosa sherardii* unterscheidet sich am auffälligsten während der Blütezeit von *Rosa pseudoscabriuscula*, später vor allem durch den kurzen Fruchtstiel.

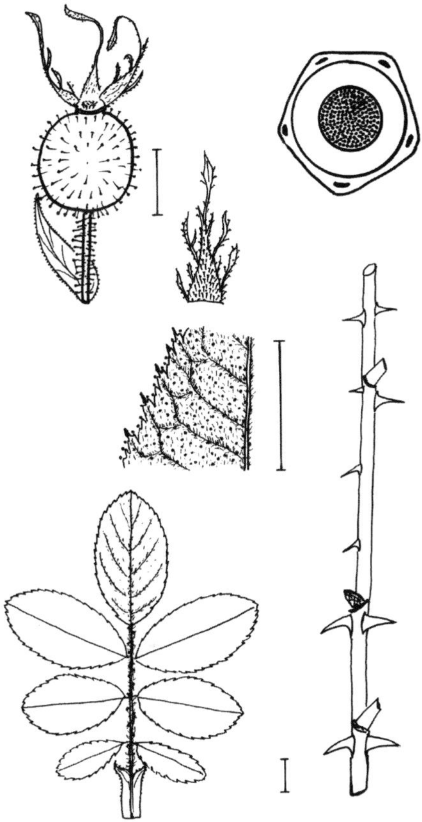

(33) Samt-Rose

(34) Apfel-Rose (Tafel 24)

Rosa villosa L. 1753
(*Rosa pomifera* J. Herrmann 1762)

Gestalt: Im Gebirge Knie- bis schulterhoher Strauch, in Siedlungsnähe auch übermannshoch, auch mit Ausläufern; Stacheln ganz gerade, schlank; Blätter 5- bis 7-zählig; Oberseite blaugrün,kurzhaarig, auch mit Drüsen, Unterseite dicht behaart und drüsig, Endblättchen besonders lang; große Blattzähne mit drüsig unterteiltem Rand; Blattstiel filzig mit vielen Drüsen. Blütenstand meist nur einblütig, stieldrüsiger Blütenstiel auch länger als der drüsenborstige Kelchbecher; Kelchblätter lang mit dichtdrüsigem Rücken; Kronblätter rosenrot mit weißem Nagel, Außenrand mit drüsenähnlichen Zähnchen gewimpert; Diskus schmal, schlüsselförmig bis flach, Griffelkanal sehr weit, Durchmesser 2 mm und mehr; breites, wolliges Narbenköpfchen. Frucht je nach Größe des Strauchs klein bis kirschgroß, meist kugelig, große Früchte hängend, drüsenborstig, Kelchblätter aufgerichtet, bleibend, Drüsen gerieben nach Harz duftend.
Blütezeit früh (Mai bis Juni), 1 bis 2 Wochen vor der Hunds-Rose. Frucht sehr früh reif: scharlachrot, im August.

Standort: Im sonnigen Felsgebüsch, an warmen Waldrändern, auf Lesesteinhaufen und Geröllhalden.

Verbreitung: Europäische Gebirgsrose, besonders der Alpen, aber auch bis zum Kaukasus verbreitet, montan bis subalpin, zerstreut bis selten; praealpin im Jura, sehr selten auf der Schwäbischen Alb.

Anmerkung: Wegen des hohen Gehalts der großen, frühreifenden Hagebutten an aromatischen Fruchtsäuren, an Farbstoffen und Vitamin C alte Kulturpflanze. Daher spontane Ansiedlungen, oft in Siedlungsnähe, auch weit außerhalb des montanen Verbreitungsgebiets. Plantagemäßiger Anbau der Sorte »Karpatia« in der Slowakei von wirtschaftlicher Bedeutung.

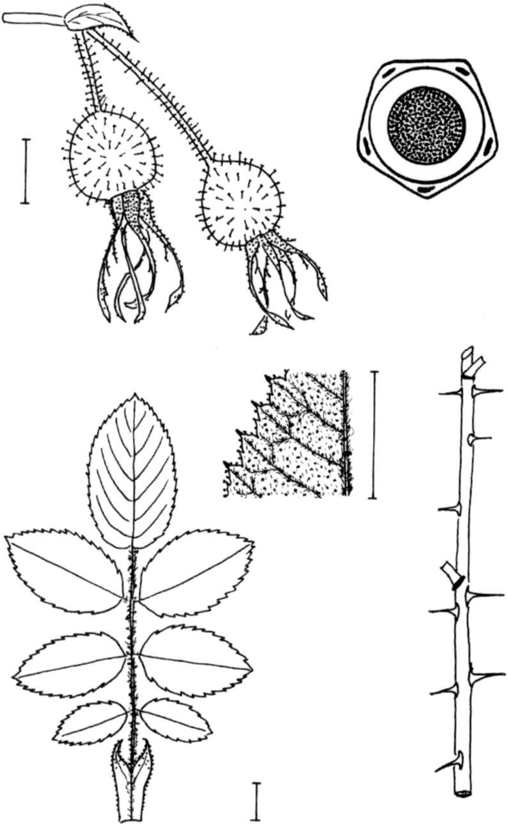

(34) Apfel-Rose

Tafel 24

Foto: Georg Timmermann †

Foto: Stefan Ruge

Apfel-Rose
Rosa villosa

(35) Weiche Rose – **Rosa mollis** Sm. in Sow. 1812

Ein insgesamt kleinerer Strauch, tritt in Nordwest- und Nordeuropa einschließlich des Ostseeraums an die Stelle von *Rosa villosa*. Sonst selten in den Alpen.

Fotos: Michael Hassler

Weiche Rose
Rosa mollis

(36) Wein-Rose (Tafel 25)

Rosa rubiginosa L. 1771

Gestalt: Bis übermannshoher, kurzästiger, grünrindiger Strauch; Stacheln hakig gekrümmt, auch gemischt mit geraden, abwärts gerichteten Stacheln und Borsten; Blätter meist 7-zählig; Blättchen klein, rundlich, gelbgrün, blank; Blattzähne mehrfach drüsig unterteilt; Blattunterseite und Blattstiel leicht flaumig, dicht mit rotbraunen Drüsen bedeckt, im Frühsommer auch ungerieben nach frischen Äpfeln duftend. Blütenstiel nicht länger als Kelchbecher, dicht mit Stieldrüsen bestanden, gelegentlich auch der Kelchbecher am Grund oder ganz; Kelchblätter dicht drüsig, reich unterteilt, länger als die kleinen, außen kräftig rosafarbenen Kronblätter; Griffelkanal weit, Durchmesser mehr als 1 mm bzw. etwa 1/3 des Diskus; Narbenköpfchen breit, wollig, Frucht eiförmig bis rundlich, mit ausgebreiteten bis aufgerichteten, bleibenden Kelchblättern.
Blütezeit etwa mit der Hunds-Rose im Juni, Fruchtreife jedoch früher.

Variabilität: Sträucher mit vielen Nadelstacheln und Stachelborsten an den Blütenzweigen, die sich auch in den Fruchtstiel hinein fortsetzen, werden als var. *umbellata* Christ 1873 oft gefunden. Sehr selten ist dagegen var. *jenensis* (Schulze) Christ 1885, bei der die Drüsen an Fruchtstiel, Frucht und Kelchblattrücken fehlen. Auch gibt es unter Umständen schwer einzuordnende Zwischenformen zu *R. elliptica*, *R. micrantha* und *R. agrestis*.

Standort: Auf kalkhaltigen, auch steinigen Lehmböden, fehlt auf sandig-sauren Böden; kennzeichnend für colline bis montane Kalkmagerweiden, an Waldrändern, Böschungen und in Feldhecken, im Liguster-Schlehenbusch, auch im lichten Geißklee-Eichenwald.

Verbreitung: In ganz Europa bis 60° n. Br., von den Tiefländern bis in die subalpine Stufe der Westalpen steigend, ein subatlantisch-submediterranes Florenelement, zerstreut.

Anmerkung: Als »Hagdorn« in vorindustrieller Zeit Bestandteil »lebender« Weidezäune (daher der in Baumschulkatalogen öfters verwendete Namen »Schottische Zaunrose«). Heute wird die Wein-Rose auch in Baumschulen kultiviert und in der Landschaft angepflanzt, in Nordamerika eingebürgert.

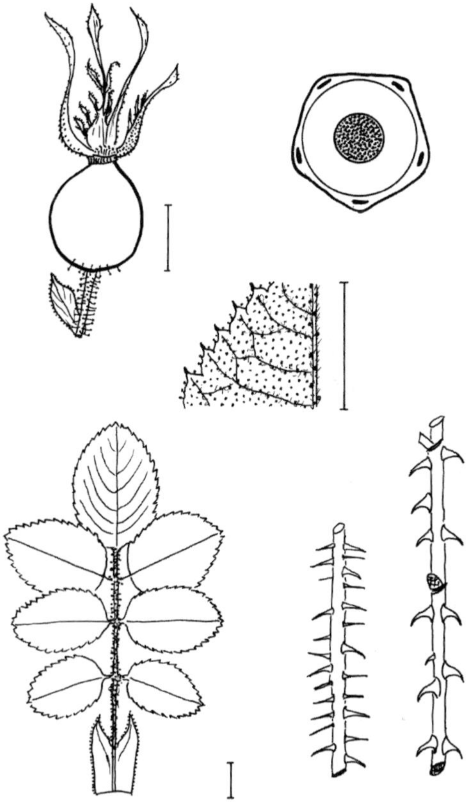

(36) Wein-Rose

Tafel 25

Foto: Stefan Ruge

Foto: Peter Banzhaf

Wein-Rose
Rosa rubiginosa

Foto: Peter Banzhaf

Foto: Stefan Ruge

Kleinblütige Rose
Rosa micrantha

(37) Kleinblütige Rose (Tafel 26)

Rosa micrantha Borrer ex Smith in Sowerby 1812

Gestalt: Übermannshoch werdender, lockerwüchsiger Strauch, auch mit Ausläufern; Stacheln hakig, gleichartig, auch paarig; Blätter 5- bis 7-zählig, Blättchen rundlich, aber spitzer und dunkler grün als bei der Wein-Rose, am gleichen Strauch auch stark variierend; Blattunterseite flaumig behaart, wie der Blattstiel dicht drüsig, auch ungerieben nach Äpfeln duftend; Blattzähne mehrfach drüsig unterteilt. Blüten klein, hellrosa. Fruchtstiel so lang wie die Frucht oder länger, immer dicht stieldrüsig; Kelchblattrücken drüsig, Kelchblätter nach dem Abblühen zurückgeschlagen und bald abfallend; Diskus schwach gewölbt, breit mit engem Griffelkanal, höchstens 1/5 des Diskus oder Durchmesser weniger als 1 mm; Narbenköpfchen klein, meist unbehaart; Frucht klein, eiförmig bis krugförmig, glatt oder mit Stieldrüsen bestanden. Blütezeit später als bei der Wein-Rose, Juni; späte Fruchtreife.

Variabilität: Gelegentlich werden unter Umständen schwer zuzuordnende Übergangsformen zu *Rosa rubiginosa* gefunden.

Standort: Auf eher kalkhaltigen, auch steinigen Lehmböden, an sonnigen Waldrändern, warmen Felskanten und Geröllhalden, auf Kalkmagerrasen und in Feldhecken.

Verbreitung: Europa vom Atlantik bis zu den Mittelmeerländern mit Nordgrenze in Mitteleuropa, aber in den Ostseeraum ausstrahlend; ein submediterran-subatlantisches Florenelement, vorwiegend der collinen Stufe, erreicht in günstiger kleinklimatischer Lage auch hochmontane Hänge. Verbreitung überall stark zurückgegangen, selten.

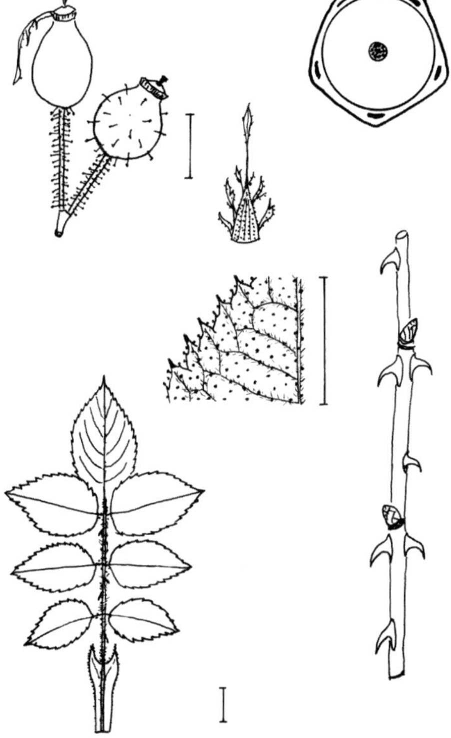

(37) Kleinblütige Rose

(38) **Keilblättrige Rose** (Tafel 27)

Rosa elliptica Tausch 1819
(*Rosa graveolens* Grenier 1847)

Gestalt: Bis übermannshoher Strauch, gedrungen, dicht verzweigt, mit Ausläufern; Stacheln hakig, gleichartig, unter den Blattachseln meist paarig.
Blätter 5- bis 7-zählig, Blättchen mit keiligem bis elliptisch gerundetem Grund, meist sich nicht berührend, glänzend, mit drüsig unterteilten Blattzähnen, unterseits und Blattstile dicht drüsig, auch flaumhaarig, gerieben mit feinem Apfelduft. Blüte hellrosa; Fruchtstiel nicht länger als die Frucht, glatt. Kelchblätter lang, mit Anhängseln, Rücken ohne Drüsen, nach dem Abblühen aufgerichtet und bleibend; Diskus schüsselförmig mit weitem Griffelkanal, etwa 1/3 des Diskus bzw. Durchmesser mehr als 1 mm; Narbenköpfchen breit, wollig; Frucht kugelig bis eiförmig, glatt.
Blütezeit mit Wein-Rose, Juni. Fruchtreife früh, ab August.

Variabilität: Auf sehr trockenen Standorten kleine, vorwiegend keilige, braungrün glänzende Blättchen, sonst frische grüne, größere Blätter. Gebietsweise finden sich Sträucher mit Stieldrüsen an einem Teil der Fruchtstiele: Übergangsformen zur Wein-Rose..

Standort: Auf steinigen Lehmböden, Kalkmagerrasen, an sonnigen Felshängen und Geröllhalden, auf Lesesteinhaufen.

Verbreitung: Mitteleuropäische Bergländer mit den Alpen, hier bis in hochmontane Südhänge aufsteigend, allgemein sehr selten geworden.

Anmerkung: Nahe steht die südöstlich-mitteleuropäisch bis südosteuropäisch verbreitete Nelken-Rose (*Rosa caryophyllacea* Besser 1815).

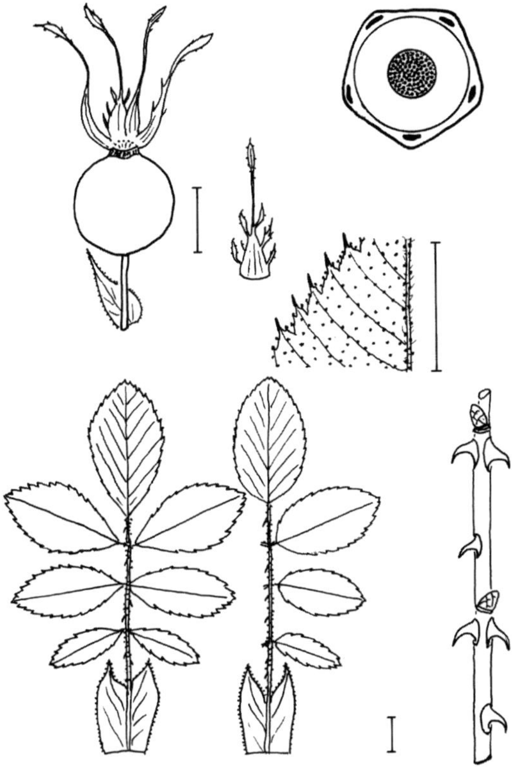

(38) Keilblättrige Rose

Tafel 27

Fotos: Stefan Ruge

Keilblättrige Rose
Rosa elliptica

Foto: Michael Hassler

Foto: Lukas Stempin

Duftarme Rose
Rosa inodora

(39) Duftarme Rose (Tafel 28)

Rosa inodora Fries 1814
(*Rosa elliptica* subsp. *inodora* (Fries) Schwertschlager 1910)

Gestalt: Bis übermannshoher, lockerästiger Strauch, auch mit Ausläufern; Stacheln hakig, gleichartig, auch paarig, an Blütenzweigen auch fehlend; Blätter 5- bis 7-zählig, Blättchen meist mit keiligem, sonst gerundetem Grund, sich nicht berührend, glänzend, mit drüsig unterteilten Blattzähnen, unterseits und Blattstiel drüsig, auch fein flaumhaarig, gerieben schwach duftend.
Blüte hellrosa. Fruchtstiel so lang wie die kugelige Frucht, glatt; Kelchblattrücken kahl, Ränder drüsig gesäumt; Kelchblätter nach dem Abblühen flatterig ausgebreitet, bald abfallend; Diskus flach gewölbt, breit mit engem Griffelkanal, etwa 1/5 des Diskus bzw. Durchmesser um 1 mm; Narbenköpfchen kugelig, behaart.
Blütezeit mit der Weinrose, Juni. Fruchtreife früh, August.

Standort: Auf steinigen Lehmböden, in sonnigen Feldhecken, an alten Weinbergrändern.

Verbreitung: In Süddeutschland im Gebiet der Keilblättrigen Rose, aber viel seltener gefunden, könnte vielleicht häufiger vorkommen. Im Ostseeraum allein ohne Keilblättrige Rose.

Anmerkung: *Rosa inodora* wird wegen der Merkmale »bald abfallende Kelchblätter« und »enger Griffelkanal« als solche wohl nicht immer erkannt und *Rosa agrestis* zugeordnet.
Der Name »*inodora*« = »nicht duftende« wurde von Elias Fries 1814 als Gegensatz zu der von ihm »duftblättrige« (*suavifolia*) genannten Wein-Rose (*Rosa rubiginosa*) geschaffen. Tatsächlich duften die Blätter dieser Rose nur wenig ausgeprägt.

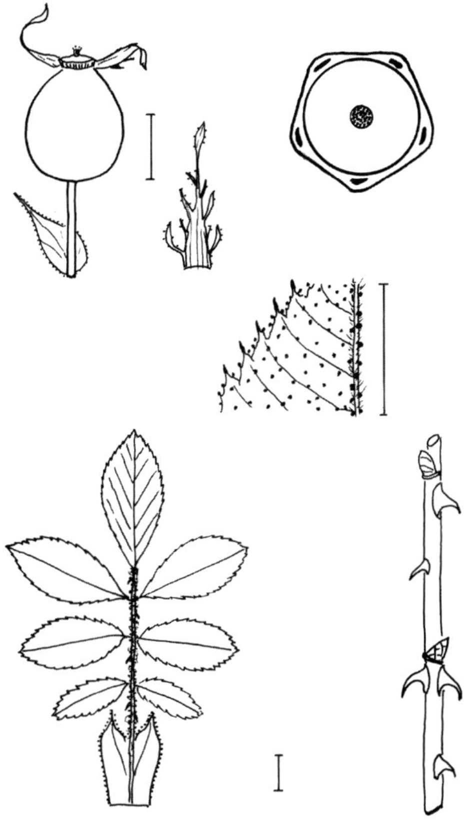

(39) Duftarme Rose

(40) **Feld-Rose** (Tafel 29)

Rosa agrestis Savi 1798
(*Rosa sepium* Thuillier 1799)

Gestalt: Bis übermannshoher, lockerwüchsiger Strauch; Stacheln hakig, gleichartig, auch paarig. Blätter meist 7-zählig, dunkelgrün glänzend; Blättchen mit keiligem Grund oder schmal eiförmig, unterseits und Blattstiel mit dunkelroten bis schwarzen Drüsen bedeckt, flaumig behaart (var. *pubescens*) oder unbehaart (var. *agrestis*); gerieben mit schwachem Apfelduft.
Blüte weiß, klein. Fruchtstiel glatt, meist länger als die kugelige bis ovale Frucht. Kelchblattrücken ohne Drüsen, Kelchblätter nach dem Abblühen zurückgeschalgen, bald abfallend; Diskus breit, leicht gewölbt, mit engem Griffelkanal: Durchmesser unter 1 mm; Narbenköpfchen schwach behaart, kugelig.
Blütezeit Juni bis Juli, späteste Blüte in der Wein-Rosen-Gruppe. Fruchtreife im September.

Standort: Auf eher kalkhaltigen, steinigen Lehmböden, auf Felsschutt und Lesesteinhaufen, an sonnigen Waldrändern und Berghängen, an Weinbergrändern und in Feldhecken, auch im lichten Geißklee-Eichenwald.

Verbreitung: Von den Mittelmeerländern und dem Atlantik bis zur Ostseeküste; ein submediterran-subatlantisches Florenelement, vorwiegend der collinen und montanen Stufe, erreicht an kleinklimatisch günstigen hängen auch hochmontane Standorte; selten.

Anmerkung: Zur sicheren Unterscheidung von *Rosa inodora* ist auch ein Besuch zur Blütezeit zeckmäßig: *R. agrestis* blüht reinweiß, *R. inodora* dagegen hellrosa.

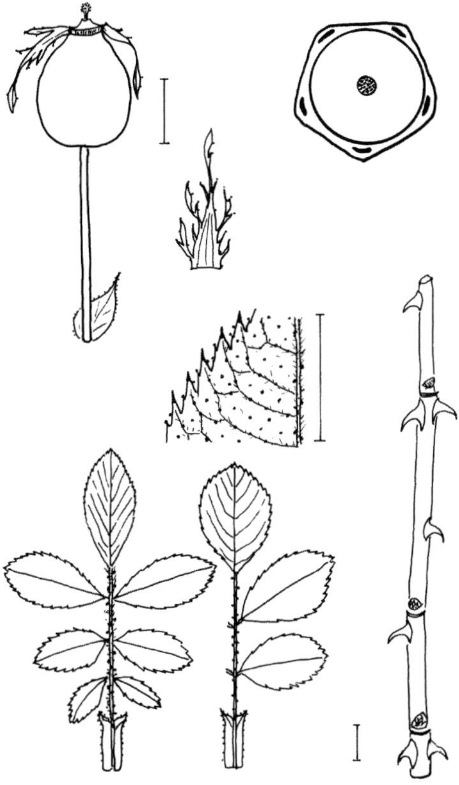

(40) Feld-Rose

Tafel 29

Foto: Peter Banzhaf

Foto: Stefan Ruge

Feld-Rose
Rosa agrestis

3. Weißdorne (Hagdorne) (von Theo Müller)

Wer kennt sie nicht, die weit verbreiteten, dornigen, kräftigen Sträucher oder kleinen Bäumchen in den Hecken und Gebüschen, an Waldrändern oder in lichten Wäldern; im Frühjahr über und über mit weißen Blüten bedeckt, einer weiß geschmückten Braut gleich, im Herbst voll behangen mit leuchtend roten Früchte: unsere Weiß- oder Hagdorne (Tafel 30).

Wer kennt aber genau die einzelnen Sippen dieser Weißdorne? Mancher Naturfeund, der einmal versucht hat, Weißdorne zu bestimmen, hat bald resigniert aufgegeben. Daran sind neben der Vielgestaltigkeit der Weißdorne auch die Bestimmungswerke schuld.

Entweder sind in diesen vielfach nur der Eingrifflige Weißdorn (*Crataegus monogyna*) und der Zweigrifflige Weißdorn (*Crataegus laevigata*) aufgeführt; dann kann man mit Ausnahme einiger weniger, klar bestimmbarer Exemplare die Mehrzahl der gefundenen Weißdorne nicht eindeutig einer dieser beiden Arten zuordnen. Oder es sind eine Vielzahl von Einzelarten aufgeschlüsselt, deren angegebene Merkmale aber häufig nicht zusammen vorkommen, so dass man auch hier nicht zum Ziele einer sicheren Bestimmung gelangt. Es gilt, einen brauchbaren Weg zu finden, der einmal die klar unterscheidbaren Sippen erkennbar macht, zum anderen aber auch der Variabilität einzelner Sippen Rechnung trägt und nicht nur neue Namen für nur geringfügige Abänderungen schafft. In diese Richtung zielen die Abhandlung von *W. Lippert* 1978 und von *K. I. Christensen* 1992 (in beiden sind weitere Angaben zur Literatur und zu den Synonymen). Diesen beiden Publikationen, die einen gangbaren Weg für die Bestimmung einer überschaubaren Zahl von Weißdorn-Sippen aufzeigen, wird hier gefolgt.

3.1 Die Erkennungsmerkmale der Weißdorne

Die Weißdorne sind, was einzelne Merkmale anbetrifft, recht variabel, weshalb für eine sichere Bestimmung immer auf die Kombination von Merkmalen zu achten ist.

Blätter, Nebenblätter, Dornen.

Für die Beurteilung der Blätter eigenen sich am besten die von Kurztrieben (Seitenzweige, die unter Stauchung der Sprossachse wenig in die Länge wachsen und meist dicht beblättert sind), da diese in

Form, Zerteilung und Zähnung weniger variieren als die von Langtrieben (Hauptzweige, die unter Streckung der Sprossachse stark in die Länge wachsen). Aber auch hier gibt es Unterschiede von Zweig zu Zweig, ja selbst am gleichen Kurztrieb, weshalb immer mehrere Blätter von mehreren Kurztrieben des gleichen Astes zu betrachten sind. Sehr bezeichnend für die einzelnen Sippen ist die Blattzerteilung (ob die Blätter zerteilt oder stark eingeschnitten sind) und die Zähnung des Blattrandes, die Farbe der Blattober- und -unterseite (ob gleich oder unterschiedlich gefärbt). Dagegen spielt die Behaarung der Blätter für die Ansprache der einzelnen Sippen keine Rolle, da diese bei der gleichen Sippe, ja sogar beim gleichen Individuum ziemlich stark variieren kann, von vollständig kahl über nur auf den Hauptnerven oder in den Nervenwinkeln behaart bis zur lockeren flächigen Behaarung. Charakteristisch für die einzelnen Sippen ist dagegen die Gestalt (linealisch bis sichelförmig, eiförmig) und die Zähnung (ganzrandig bis wenige Zähne, fein und dicht gesägt, grobe Zähne und zarte Drüsenzähne) der Nebenblätter blühender/fruchtender Kurztriebe sowie die Bedornung (mit oder ohne Dornen) der Kurztriebe.

Blüten und Früchte

Nicht alle Blütenmerkmale spielen für die Bestimmung eine wesentliche Rolle. So haben alle Weißdorne einen doldenrispigen Blütenstand mit 3–18 Blüten, wobei die Blütenzahl nicht sippenspezifisch, sondern eher vom Standort und den Lichtverhältnissen am Wuchsort abhängig ist. Ebenso spielt die Blütengröße für die Bestimmung keine Rolle – sie kann bei verschiedenen Individuen der gleichen Sippe recht unterschiedlich sein – auch wenn oft die Blüten des Zweigriffligen Weißdorns und seiner Hybriden etwas größer sind als die des Eingriffligen und Großkelchigen Weißdorns. Die Farbe der Blüten ist ebenfalls für keine Sippe bezeichnend. Sie ist bei allen Weißdornen weiß bis rosa, im Verblühen hin und wieder fast rot. Ebenso wenig kann für die Bestimmung die Behaarung des Blütenbechers herangezogen werden, da diese variabel und an keine bestimmte Sippe gebunden ist; öfters gibt es am gleichen Individuum, ja sogar am gleichen Ast kahle und behaarte Blütenbecher. Die Gestalt der Kelchblätter von breit dreieckig bis pfriemlich, deren Behaarung und ihre Stellung zur Achse der Blüte/Frucht stellen dagegen ein wichtiges Merkmal für die Bestimmung dar. Unbedeutend sind wiederum die Zahl der Staubblätter, die bei al-

len Weißdornen zwischen 14 und 22 schwankt, und die Gestalt des Griffels (gerade oder gekniet). Sehr charakteristisch für die einzelnen Sippen ist die Zahl der Griffel/Steine in den Früchten. Im botanischen Sinn handelt es sich bei der »Frucht« wie bei den Hagebutten der Rosen um eine »Scheinfrucht«, die eigentlichen Früchte sind die »Steine«; der Einfachheit halber wird aber hier wie bei den Rosen für die Scheinfrucht die Bezeichnung »Frucht« verwendet.
Es gibt Sippen mit nur einem Griffel und solche mit zwei oder drei, gelegentlich sogar vier Griffeln. Bei Hybridsippen kann es am gleichen Blüten-/Fruchtstand oder am gleichen Ast Blüten/Früchte mit einem und zwei Griffeln/Steinen geben, weshalb immer mehrere Blüten/Früchte von verschiedenen Blüten-/Fruchtständen eines Astes zu untersuchen sind. Darüber hinaus gibt es bei Hybridsippen auch noch die Abweichungen, dass Blüten Griffel mit unterschiedlicher Länge aufweisen, von denen der kürzere meist schon zur Blütezeit verkümmert ist; und dass gelegentlich sogenannte Y-Griffel (*Lippert*) auftreten, bei denen vermutlich der basale Teil verklebt ist. Spezifisch für die Sippe ist die Farbe der Früchte, die allerdings schwierig zu beschreiben ist, weshalb Farbfotografien von Früchten abgebildet werden. Die Form der Früchte spielt nur ausnahmsweise eine Rolle für die Bestimmung, so zum Beispiel bei Lindmanns Weißdorn und seinen Hybriden.

3.2 Die Formenvielfalt

Wir können davon ausgehen, dass es neben dem Eingriffligen und Zweigriffligen Weißdorn bei uns auch noch den Großkelchiger Weißdorn gibt, der zwar mit dem Eingriffligen Weißdorn das gemeinsame Merkmal des einen Griffels/Steins aufweist, sonst aber mit diesem nichts zu tun hat. Der Großkelchige Weißdorn gliedert sich dazuhin noch in zwei Varietäten.
Wie viele Weißdorne – es gibt in der nördlichen gemäßigten Zone rund 1.000 Weißdornarten, die meisten in Nordamerika, in Europa ungefähr 22 Arten – bastardisieren auch unsere drei Weißdornarten mit ihren Varietäten sehr leicht miteinander, wobei auch Bastardsippen sich wieder miteinander oder mit den Ausgangssippen kreuzen können. Dadurch entstehen Hybridschwärme von »Nothomorphen«, die »eine mehr oder weniger lückenlose Übergangsreihe zwischen Ausgangssip-

pen bilden« (Lippert 1978). Die Folge davon ist, dass es eine sehr grosse Formenfülle gibt, da ja nicht jede Hybride mit ihren Merkmalen zwischen zwei Ausgangssippen steht, sondern einmal der einen, einmal der anderen Ausgangssippe genähert sein kann. In der Literatur sind oft all diese vielfältigen Formen mit eigenen Namen belegt worden, was zu einer heillosen Verwirrung geführt hat. Hier wird dem von *Lippert* 1978 und *Christensen* 1992 vorgezeichneten, vernunftgebotenen Weg gefolgt, alle Formen von Nothomorphenschwärmen, die Merkmalskombinationen zweier Ausgangssippen aufweisen, zu einer Hybridsippe zusammenzufassen. Erst die Formen, bei denen die Merkmalskombinationen einer »guten« Art eindeutig gegeben sind, werden einer solchen zugeordnet (vergleiche Abb. Seite 134).

3.3 Zur Biologie und Ökologie

Neben Schlehe und Wildrosenarten stellen die Weißdorne tierökologisch sehr wichtige Straucharten dar. Sie bieten nicht nur vielseitige Nahrungsressourcen (Nektar, Pollen, Blätter, Früchte) für verschiedenen Tiere (Insekten, Vögel, Säuger), sie tragen auch wesentlich zur räumlichen Struktur von Gebüschen, Hecken und Waldmänteln bei, was z. B. für Brutvögel von größter Bedeutung ist. Auf sie kann deshalb in der Landschaft, soll sie ökologisch erfüllt bleiben, nicht verzichtet werden. Darauf muss ausdrücklich hingewiesen werden, weil im Zusammenhang mit dem Feuerbrand - eine 1957 aus Amerika nach England und von dort auf das europäische Festland eingeschleppte Bakterienkrankheit von Apfel, Birne und Quitte, die aber auch andere Vertreter der Unterfamilie *Maloideae* der *Rosaceae* befallen kann – immer wieder gefordert wird, keine Weißdorne mehr zu pflanzen beziehungsweise vorhandene zu entfernen, weil diese auch befallen werden könnten und dann Herde für die weitere Ausbreitung der Krankheit darstellen würden. Wenn man diese Präventivmaßnahmen gegenüber den Weißdornen akzeptiert, dann dürfen aber so beliebte Arten wie die Vogelbeere oder die als pflegeleichte Bodendecker so geschätzten *Cotoneaster*-Arten auch nicht mehr gepflanzt werden, denn für diese gilt genau das Gleiche wie für die Weißdorne.
Die unangenehm nach Heringslake (Trimethylamin) riechenden Blüten der Weißdorne bieten neben Nektar auch Pollen und werden deret-

wegen von Fliegen, Käfern und Wildbienen, darunter vor allem Sandbienen (*Andrena*-Arten) besucht.Die roten Früchte dienen vor allem Vögeln, aber auch Säugetieren als Nahrung. Beim Verzehr der kohlehydratreichen Früchte durch Vögel werden auch die Steine, die den eigentlichen Samen enthalten, aufgenommen und dann wieder als unverdauliche Reste ausgeschieden, wodurch die Weißdorne verbreitet werden.

Für den Menschen bieten sich die mehligen Früchte wenig zum direkten Verzehr an, aber sie lassen sich gut zu Gelee, Marmelade oder Mus verarbeiten. Das in ihnen enthaltene Pektin fördert das Gelieren, zum Beispiel in Mischungen mit anderen Früchten. Außer Pektin enthalten die Früchte Carotin, Vitamin C, Vitamin B1, viel Kalium, auch Phosphor und Calcium. Alle Teile der Weißdorne enthalten mehrere Flavonglykoside, die durch Erweiterung der peripheren Gefäße Blutdrucksenkung, durch Erregung des Vagus Pulsverlangsamung sowie Zunahme der Herzleistung und der Durchblutung der Herzkranzgefäße bewirken. Es werden dazu Blätter, Blüten und Früchte (Folia, Flores, Fructus Crataegi), häufig als Tee, verwendet. Diese sind eines der wichtigsten pflanzlichen Mittel zur Behandlung von Herz- und Kreislaufkrankheiten.

Die Weißdorn-Sippen benötigen im Allgemeinen mehr oder weniger nährstoffreiche Böden, wobei der Eingrifflige Weißdorn deutlich geringere Ansprüche stellt als die anderen Sippen. Dagegen ist er und seine Hybriden von allen Sippen die lichtbedürftigste Art, weshalb er im Freistand sehr gut gedeiht, im Walde dagegen kaum zum Blühen und Fruchten kommt. Gerade umgekehrt verhalten sich die beiden anderen Weißdornarten, wobei der Großkelchige Weißdorn und seine Abkömmlinge fast ausschließlich in lichten Wäldern vorkommen, während der Zweigrifflige Weißdorn und seine Bastarde eine gewisse Zwischenstellung einnehmen und sowohl in lichten Wäldern als auch im Freistand zu wachsen vermögen.

Die heimischen Weißdorne sind ziemlich langlebig und können ein Alter von 100 und mehr Jahren erreichen. Es handelt sich bei ihnen durchweg um Tiefwurzler, weshalb sie nasse, insbesondere staunasse Böden meiden.

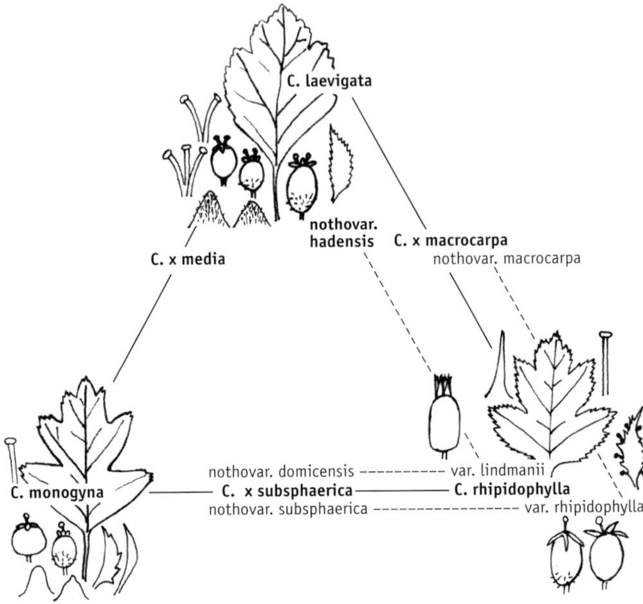

Die drei Weißdornarten, ihre Varietäten und Hybriden.

3.4 Bestimmungsschlüssel zur Gattung Crataegus L.

Die Weißdorne sind, was einzelne Merkmale anbetrifft, recht variabel. Für eine sichere Bestimmung ist deshalb immer auf die Kombination von Merkmalen zu achten. Als solche können gelten:

- Bedornung der Kurztriebe
- Gestalt und Zähnung der Nebenblätter blühender /fruchtender Kurztriebe
- Form, Zerteilung und Zähnung der Blätter (zweckmäßig nur Blätter von Kurztrieben, da diese weniger variieren als solche von Langtrieben)
- Zahl der Griffel je Blüte (= Zahl der Steine je Frucht)
- Gestalt und Stellung der Kelchblätter an der Frucht
- Farbe der Frucht

Die günstigste Zeit, in der man praktisch alle genannten Merkmale erkennen und damit die Weißdorne sicher bestimmen kann, ist die Reifezeit der Früchte im Spätsommer und Frühherbst. Hier sind die Merkmale der Kurztriebe, der Blätter, der Kelchblätter sowie der Frucht alle zusammen vorhanden. Eine Quetschprobe der reifen Frucht orientiert sehr schnell über die Zahl der Steine und damit der Zahl der Griffel. Allerdings darf man diese Probe nicht nur an einer Frucht vornehmen, sondern muss sie an mehreren, möglichst von verschiedenen Fruchtständen eines Astes ausführen.
Gerade die Fruchtmerkmale sind für die Unterscheidung mancher Sippen ungemein wichtig. So lassen sich vielfach die Sippen der Gruppe der Großkelchigen Weißdorne (*Crataegus rhipidophylla*-Gruppe: *Crataegus rhipidophylla*, *Crataegus* x *macrocarpa*, *Crataegus* x *subsphaerica*) anhand von Blattmerkmalen kaum oder nicht unterscheiden, sondern einfach und sicher erst mit Hilfe von Fruchtmerkmalen; es soll aber nicht verschwiegen werden, dass die Unterscheidung bei reichlicher Erfahrung teilweise schon an den Blüten möglich ist, wenn auch etwas schwieriger und nicht ganz so sicher.

1 Blätter wenig geteilt (bis 1/3) mit ziemlich stumpfen, verhältnismäßig stumpf gesägten Blattlappen. Blüten immer mit 2 oder mehr Griffeln, Früchte immer mit 2 oder mehr Steinen. Kurztriebe nicht verdornend.
(1) **Zweigriffliger Weißdorn, Crataegus laevigata**

– Blätter stärker geteilt (bis über 1/2) mit +/- (= mehr oder weniger) spitzigen, spitz gesägten Blattlappen. Blüten mit nur 1 oder mit 1 und 2 Griffel, Früchte mit nur 1 oder mit 1 und 2 Steinen (die entsprechenden Blüten/Früchte können in einem Blüten-/Fruchtstand gemischt oder in verschiedenen Blüten-/Fruchtständen eines Astes vorkommen; deshalb immer mehrere Blüten-/Fruchtstände untersuchen). Kurztriebe +/- verdornend. -- 2

2 Kelchblätter alle oder mindestens teilweise pfriemlich (wesentlich länger als breit), spitz. Blätter an kleine Elsbeeren (*Sorbus torminalis*)-Blätter erinnernd, mit spitzen, fein und scharf gesägten Blattlappen (mindestens der zum Blattstiel führende Teil des untersten Blattlappens mit feinen Zähnen). Nebenblätter blühender/fruchtender Kurztriebe oft mit zarten, +/- hinfälligen Drüsenzähnen.
Großkelchiger Weißdorn und seine Hybriden --------------- 4

– Kelchblätter alle breit dreieckig (+/- so lang wie breit), stumpflich abgerundet oder in einem stumpflichen Spitzchen endigend --- 3

3 Blüten ausschließlcih mit 1 Griffel, Früchte ausschließlich mit 1 Stein. Blätter zur Hälfte oder darüber eingeschnitten, Blattlappen spitzlich, ganzrandig, nur an der Spitze grob gesägt. Nebenblätter blühender/fruchtender Kurztriebe breit sichelförmig bis linealisch, mit wenigen (1–8) groben Zähnen. Früchte klein, rundlich bis eiförmig, dunkel weinrot (blaustichiges Rot).
(2) **Eingriffliger Weißdorn, Crataegus monogyna**

– Blüten mit 1 oder mit 2 Griffeln, Früchte mit 1 oder 2 Steinen. Blätter wenig oder bis zur Hälfte eingeschnitten, Blattlappen wenig gesägt, ganzrandig oder an der Spitze gesägt. Nebenblätter der blühenden/fruchtenden Kurztriebe meist fein und dicht gesägt. Früchte klein, rundlich bis walzlich, hell- oder dunkelrot

(4) **Bastard Weißdorn, Crataegus x media**
(*C. laevigata* x *monogyna*)

4 Blüten ausschließlich mit 1 Griffel, Früchte mit ausschließlich mit 1 Stein -- 5

– Blüten mit 1 oder 2 Griffeln, Früchte mit 1 oder 2 Steinen
(5) **Großfrüchtiger Weißdorn, Crataegus x macrocarpa**
(*C. laevigata* x *C. rhipidophylla*)
(Kelchblätter meist nur teilweise pfriemlich, Kurztriebe selten verdornend)
- Früchte kugelig bis breit elliptisch, kräftig rot bis dunkelrot. Kelchblätter an Früchten zurückgebogen oder +/- waagrecht abstehend, gelgentlich auch +/- aufgerichtet

(5a) **Großfrüchtiger Weißdorn, im engeren Sinn (i.e.S.), Crataegus x macrocarpa nothovar. macrocarpa**
(*C. laevigata* x *C. rhipidophylla var. rhipidophylla*)
- Früchte zylindrisch, korallenrot. Kelchblätter aufrecht abstehend oder zusammenneigend

(5b) **Geradkelchiger Weißdorn, Cratagus x macorcarpa nothovar. hadensis**
(*C. laevigata* x *C. rhipidophylla var. lindmanii*)

5 Kelchblätter aller Blüten/Früchte pfriemlich (wesentlich länger als breit). Nebenblätter blühender Kurztriebe mit zahlreichen Drüsenzähnen und gröberen Zähnen. Kurztriebe meist nicht verdornend. Früchte groß (8–15 mm lang).
(3) **Großkelchiger Weißdorn, Crataegus rhipidophylla**
- Kelchblätter an den Früchten zurückgebogen, seltener waagrecht abstehend. Früchte kugelig bis breit, elliptisch, dunkelkirschrot

(3a) **Großkelchiger Weißdorn, i.e.S., Crataegus rhipidophylla var. rhipidophylla**
- Kelchblätter an den früchten aufrecht abstehend bis zusammenneigend. Früchte zylindrisch, hell korallenrot

(3b) **Lindmans Weißdorn, Crataegus rhipidophylla var. lindmanii**

– Kelchblätter einer Blüte/Frucht oder verschiedener Blüten/Früchte nur teilweise pfriemlich (wesentlich länger als breit), teilweise breit dreieckig (+/- so lang wie breit) und abgerundet. Nebenblätter blühender/fruchtender Kurztriebe nur mit einzelnen Drüsenzähnen und gröberen Zähnen oder glatt. Kurztriebe stark verdornend. Früchte klein bis groß (7 – 12 mm lang).

(6) **Verschiedenzähniger Weißdorn, Crataegus x subsphaerica** (*C. monogyna* x *C. rhipidophylla*)

– Früchte klein bis groß, kugelig bis breit elliptisch, dunkelrot. Kelchblätter an Früchten meist zurückgebogen oder waagrecht abstehend, gelegentlich +/- aufgerichtet.

(6a) **Verschiedenzähniger Weißdorn i.e.S., Crataegus x subsphaerica x nothovar. subsphaerica** (*C. monogyna* x *C. rhipidophylla var. rhipidophylla*)

– Früchte +/- groß, breit, elliptisch bis zylindrisch, blassrot bis rot. Kelchblätter an den Früchten meist aufrecht abstehend oder zusammenneigend.

(6b) **Krummkelchiger Weißdorn, Crataegus x subsphaerica nothovar. domicensis** (*C. monogyna* x *C. rhipidophylla var. lindmanii*).

Tafel 30

Foto: Peter Banzhaf

Blühender Weißdorn am Waldrand

3.5 Beschreibung der Weißdorne

(1) Zweigriffliger Weißdorn (Tafel 31)

Crataegus laevigata (Poiret) DC. 1825
(*C. oxycantha* auct. non Linné, *Mespilus laevigata* Poiret in Lamarck 1778, *C. oxycanthoides* Thuillier 1799)

Gestalt: Sträucher oder kleine Bäume, bis 8 m hoch. Zweige mit kleinen bis rund 1 cm langen Dornen, ohne verdornende Kurztriebe.
Blätter derb, meist +/- ledrig, +/- glänzend dunkelgrün, beiderseits gleichfarben oder unterseits etwas heller, kahl oder unterseits entlang den Hauptadern und in den Aderwinkeln etwas behaart; 1,5–6 cm lang und 1,5–4 cm breit, eiförmig bis elliptisch, am Grunde keilförmig bis abgerundet, wenig zerteilt mit beiderseits stumpflichen, am Rande grob gesägten Blattlappen.
Nebenblätter der blühenden/fruchtenden Kurztriebe 5–24 mm lang, breit lanzettlich, fein und dicht gesägt mit 15–47 Zähnen ohne Drüsenzähne.
Blütenbecher 3–4 mm lang, kahl oder spärlich behaart. Kelchblätter 0,9–2,8 mm lang und 1,4–2,6 mm breit, breit dreieckig, ungefähr so lang wie breit oder bis 1,5mal so lang wie breit, stumpflich bis sitz, oberseits anliegend behaart. Blüten immer mit 2 oder mehr Griffeln. Blütezeit April bis Mai.
Früchte 6–14 mm lang und 6–12 mm im Durchmesser, rundlich oder walzlich, kahl oder etwas behaart, leuchtend ziegelrot (braunrot) bis blutrot (dunkelrot), Kelchblätter zurückgeschlagen bis aufrecht abstehend, immer mit 2 oder mehr Steinen. Fruchtzeit August bis Oktober. Chromosomen 2n = 32, 2n (2x) = 34, 2n =48.

Standort: Auf frischen, nährstoff- und basenreichen, häufig kalkhaltigen, humosen, tiefgründigen Lehmböden; ist schattenverträglicher aber anspruchsvoller und feuchtigkeitsbedürftiger als der Eingrifflige Weißdorn. Ziemlich häufig in lichten Wäldern, in Waldmänteln, Hecken und Gebüschen; schwerpunktmäßig Art der Schlehen-Gesellschaften (Prunetalia spinosae), aber auch nicht selten in mesophytischen Laubwäldern (Fagetalia sylvaticae). Steigt bis 1150 m NN hoch.

Verbreitung: Subatlantisch-submediterran, von England, Frankreich, dem südlichen Skandinavien und dem Baltikum bis zu den Pyrenäen und dem nördlichen Südeuropa.

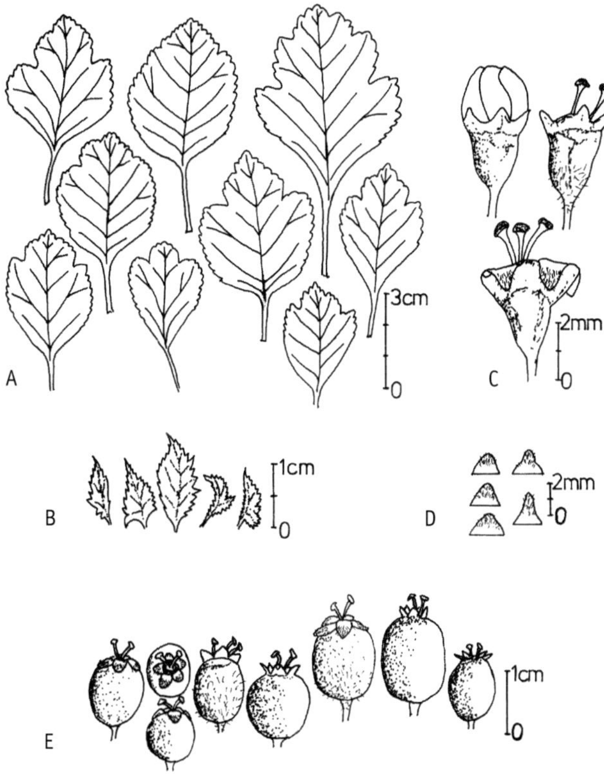

A: Blätter
B: Nebenblätter
C: Knospe und Blütenbecher (ohne Blüten- und Staubblätter)
D: Kelchblätter
E: Früchte

(1) Zweigriffliger Weißdorn

Anmerkungen:
In der Literatur werden oft mehrere Sippen unterschieden:
1. Die Typische Sippe, *C. laevigata* ssp. *laevigata* mit kleineren Blättern (1,5–3,5 mm lang), +/- rundlichen Blattlappen, kahlen Blattaderwinkeln, kleinen (unter 1 cm langen), rundlichen bis elliptischen, ziegel- bis braunroten Früchten, breit dreieckigen, so lang wie breiten, zurückgeschlagenen bis abstehenden Kelchblättern.
2. Die Sippe Palmstruchs Weißdorn, *C. laevigata* ssp. *palmstruchii* (Lindman) Franco (*C. palmstruchii* Lindman; nach Christensen 1992 handelt es sich offensichtlich um Introgression zwischen *C. laevigata* x *C. rhipidophylla* oder *C. laevigata* x *C. monogyna* und *C. laevigata*) mit etwas größeren Blättern (3–6 cm lang), etwas spitzigeren Blattlappen, behaarten Blattaderwinkeln, großen (über 1 cm langen), walzlichen, blut- bis dunkelroten Früchten, spitzlichen, etwas länger als breiten, aufrechten bis abstehenden Kelchblättern.
3. Die Sippe Schweizer Weißdorn, *C. laevigata* ssp. *walokochiana* (Hrabetová-Uhrová) Holub (*C. helvetica* W. Koch nomen nudum), die in ihren Merkmalen zwischen den beiden anderen Sippen steht mit rundlichen Blattlappen, kahlen Blattaderwinkeln oder höchstens einer schwachen Behaarung auf der Mittelader, verhältnismäßig großen (um 1 cm langen), kugeligen Früchten und aufrechten bis abstehenden Kelchblättern.
Auch wenn ein gewisser Teil der Zweigriffligen Weißdorne in etwa diesen Sippen zugeordnet werden kann, so muss dennoch ausdrücklich darauf hingewiesen werden, dass ziemlich selten alle die für die einzelnen Sippen genannten Merkmale zusammen vorkommen, sondern viel häufiger ganz verschieden kombiniert sein können, so dass sich die einzelnen Sippen fast nie klar trennen lassen. So findet man häufig Sträucher mit »*palmstruchii*-Blättern«, die aber »*laevigata*-Früchte« besitzen, oder sind »*palmstruchii*-Blättern« vollkommen kahl, oder besitzen »*palmstruchii*-Früchte« anliegende, breit dreieckige Kelchblätter. Umgekehrt können bei Sträuchern mit ausgesprochenen »*laevigata*-Blättern« diese stärker behaart sein oder »*palmstruchii*-Früchte« aufweisen. Dies zeigt, dass die sich weitgehend überschneidenden Einzelmerkmale nicht all zu hoch bewertet werden dürfen, und dass man, anstatt mehrere, nur selten eindeutig voneinander zu trennende Sippen von fragwürdigem taxonomischen Wert zu unterscheiden, deshalb am besten nur bei der einen Sippe Zweigriffliger Weißdorn, *C. laevigata*, bleibt.

Fotos: Verena Mueller

Zweigriffliger Weißdorn
Crataegus laevigata

(2) Eingriffliger Weißdorn (Tafel 32)

Crataegus monogyna Jacquin 1775
(*Mespilus monogyna* [Jacquin] Allioni 1785)

Gestalt: Sträucher oder kleine Bäume, bis 10 m hoch (gelegentlich sogar noch höher). Zweige mit +/- kräftigen bis 2,4 cm langen Dornen, Kurztriebe verdornend.
Blätter derb, oberseits dunkelgrün, kahl oder behaart, unterseits bläulich-grün, durchgehend oder nur auf den Hauptadern und in den Aderwinkeln behaart; 1,5–6 cm lang und 1,5–4 cm breit, eiförmig bis rhombisch, am Grunde keilförmig, mit beiderseits 2–3 bis zur Hälfte oder darüber (manchmal fast bis zur Mittelrippe) eingeschnittenen, +/- spitzlichen, ganzrandigen, nur an der Spitze grob gesägten Blattlappen.
Nebenblätter der blühenden/fruchtenden Kurztriebe 3–16 mm lang, breit sichelförmig, bis linealisch, ganzrandig oder mit wenigen (1–8) groben Zähnen, ohne Drüsenzähne.
Blütenbecher 2–4 mm lang, kahl oder behaart. Kelchblätter 1,2–4,4 mm lang und 1,2–2,6 mm breit, dreieckig, meist so lang wie breit oder bis 1,7 mal so lang wie breit, stumpflich abgerundet oder in einem stumpflichen Spitzchen endigend, kahl, Blüten stets mit 1 Griffel. Blütezeit Mai bis Juni.
Früchte verhältnismäßig klein, 6–11 mm lang und 5–10 mm im Durchmesser, rundlich bis eiförmig, dunkel weinrot (blaustichiges Rot), Kelchblätter zurückgeschlagen bis aufrecht abstehend, stets mit 1 Stein. Fruchtzeit August bis Oktober.
Chromosomen 2n = 32,2n (2x) = 34,2n (3x) = 51

Standort: Auf mäßig frischen bis mäßig trockenen, basenreichen, vorzugsweise kalkhaltigen, humosen, tiefgründigen Lehmböden; ist anspruchsloser aber lichtbedürftiger als der Zweigrifflige Weißdorn. Ziemlich häufig in besonnten Gebüschen, Hecken, Waldmänteln und an offenen Stellen wie z.B. an Felsen, seltener in lichten Wäldern; schwerpunktmäßig Art der Schlehen-Gesellschaften (*Prunetalia spinosae*), aber auch in xerothermen Eichenmischwäldern (*Quercetalia pubescenti-petraeae*), in wärmeliebenden mesophytischen Laubwäldern (*Fagetalia sylvaticae*) und in Schneeheide-Kiefernwäldern (Erico-Pinion). Tritt in Gebüschen frischerer Standorte und der Hochlagen (z.B. im Hasel-Vogesen-Rosen-Gebüsch, Corylo-Rosetum vosagiacae) und in schattigen Wäldern zurück. Steigt in den Alpen bis über 1100 m NN hoch, im Mediterrangebiet bis 1900 m NN. Wurde und wird häufig wegen seiner Anspruchslosigkeit als (Schnitt-)Hecke an Grundstücksgrenzen, Bahnlinien und an Straßen angepflanzt. Hier und in Dorfnähe (frühere Pflanzungen?) sind der Eingrifflige Weißdorn und der Typische Verschiedenzähnige Weißdorn (*C. x subsphaerica* nothovar. *subsphaerica*) meist die einzigen Weißdorn-Sippen.

Verbreitung: Eurasiastisch-subozeanisch-submediterran(-mediterran) von England und dem südlichen Skandinavien durch ganz Europa bis ins westliche Russland, Nordafrika und Kleinasien.

Anmerkungen:
In der Literatur werden folgende Sippen unterschieden:
1. Die Typische Sippe, *C. monogyna* ssp. *monogyna*, mit kahlen Blütenbechern und ziemlich kurz gestielten (0,5–1,5 cm), wenig zerteilten (3[–5]) lappigen, kleinen Blättern (1,5–3,5 cm) lang, 1,5–3,5 cm breit).
2. Die Sippe Nördlicher Weißdorn, *C. nordica* Franco, mit behaarten Blütenbechern (Behaarung an Früchten meist abgefallen und deshalb nicht mehr zu erkennen) und lang gestielten (2–2,5 cm), stärker zerteilten ([3–] 5–7-lappigen) großen Blättern (3,5–6 cm lang, 1,8–4 cm breit).
3. Die Sippe Deutscher Weißdorn, *C. alemanniensis* Cinovski, mit behaarten Blütenbechern und besonders kleinen Früchten.
Es muss aber deutlich darauf hingewiesen werden werden, dass die angegebenen Merkmale fast nie zusammen vorhanden sind, sondern ganz unterschiedlich kombiniert sein können. Insofern sind die angeführten Sippen kaum eindeutig zu erkennen und erscheinen deshalb taxonomisch fragwürdig. Christensen 1992 anerkennt aus diesem Grunde für unser Gebiet nur die var. *monogyna*, die er gegen die rein mediterrane Sippe var. *lasiocarpa* (Lange) Christensen 1992 abgrenzt.
Eine Kulturart ist der Rotdorn, *C. monogyna* var. *rubra* hort. mit roten, meist gefüllten Blüten, der häufig als Zierstrauch oder -baum gepflanzt und durch Pfropfung vermehrt wird.

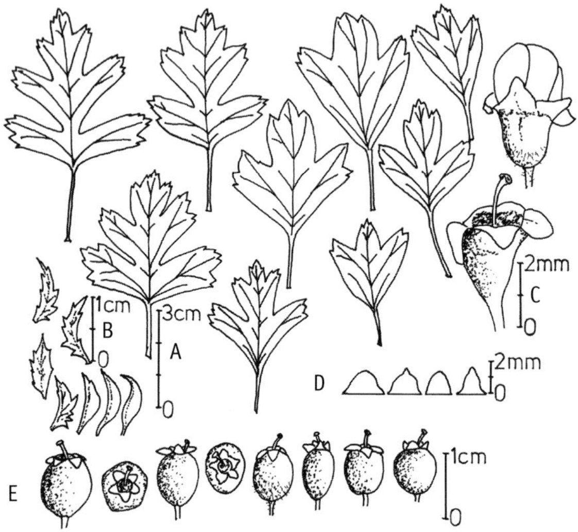

A: Blätter
B: Nebenblätter
C: Knospe und Blütenbecher (ohne Blüten- und Staubblätter)
D: Kelchblätter
E: Früchte

(2) Eingriffliger Weißdorn

Tafel 32

Foto: Urs Müller-Meßner

Foto: Peter Banzhaf

Eingriffliger Weißdorn

Crataegus monogyna

(3) **Großkelchiger Weißdorn** Gesamtart

Crataegus rhipidophylla Gandoger 1871
(*C. oxyacantha* Linné 1753 nom. rejic., *Mespilus oxyacantha* [Linné] Crantz 1769, bei weiteren Namen besteht ein heilloses Durcheinander, weshalb auf sie verzichtet wird)

Gestalt: Sträucher oder kleine Bäume, bis 5 m hoch. Zweige mit kurzen, bis 1,5 cm langen Dornen, Kurztriebe meist nicht verdornend, Blätter zart, oberseits +/- glänzend dunkelgrün, kahl oder wenig behaart, unterseits blass-grün oder selten graugrün, in den Aderwinkeln oder selten flächig behaart; 2–6,5 cm lang und 1,5–6 cm breit, breit eiförmig, am Grunde keilförmig, mit beiderseits 2–3, mindestens bis zur Hälfte eingeschnittenen, spitzen Lappen, die am Rande oft bis zur Basis fein und scharf gesägt sind.
Nebenblätter der blühenden/fruchtenden Kurztriebe 5–25 mm lang, schmal ei-bis sichelförmig mit mehr als 10 gröberen grünen Zähnen und zarten, fast durchscheinend, +/- hinfälligen Drüsenzähnen.
Blütenbecher 3–5 mm lang, kahl oder +/- behaart. Kelchblätter 2–5,5 mm lang und 1–2,5 mm breit, pfriemlich, bis 2,5mal so lang wie breit, oberseits kahl oder spärlich kurz behaart, Blüten nur mit 1 Griffel. Blütezeit Mai bis Juni.
Früchte verhältnismäßig groß, 8–15 mm lang und 5–11 mm im Durchmesser, vielgestaltig (vergleiche folgende Varietäten), am Grunde hin und wieder mit Buckeln oder Wülsten, stets mit 1 Stein. Fruchtzeit August bis Oktober.
Gliedert sich in die zwei folgenden Varietäten (siehe 3a und 3b).

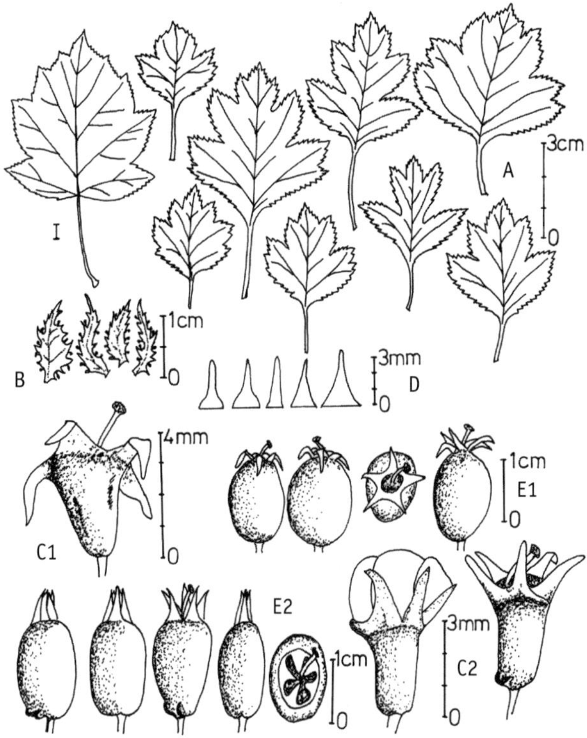

I: Blatt der Elsbeere (*Sorbus torminalis*)
Großkelchiger Weißdorn (*C. rhipidophylla*):
A: Blätter, B: Nebenblätter, D: Kelchblätter
Großkelchiger Weißdorn i.e.S. (*C. rhipidophylla* var. *rhipidophylla*):
C1: Blütenbecher (ohne Blüten- und Staubblätter)
E1: Früchte
Lindmans Weißdorn (*C. rhipidophylla* var. *lindmanii*):
C2: Knospe und Blütenbecher (ohne Blüten- und Staubblätter)
E2: Früchte

(3) Großkelchiger Weißdorn

(3a) Großkelchiger Weißdorn i.e.S. (Tafel 33)

i.e.S. = im engeren Sinn

Crataegus rhipidophylla var. rhipidophylla
(*C. rosiformis* [errore rosaeformis] Janka 1870, *C. laciniata* Steven ex Besser 1822, *C. curvisepala* Lindm. 1918 nom. superfl.)

Gestalt: Blütenbecher verhältnismäßig groß, 3–5 mm lang, elliptisch bis walzlich, oft behaart. Kelchblätter 2–4 mm lang, schmal lanzettlich bis pfriemlich, meist schon am Ende der Blütezeit oder noch früher zurückgeschlagen oder selten abstehend.
Früchte verhältnismäßig groß, 8–15 mm lang und 5–10 mm im Durchmesser, rundlich bis breit, elliptisch, öfters locker behaart, dunkel kirschrot, Kelchblätter stets deutlich zurückgebogen, seltener +/- waagrecht abstehend.
Chromosomen 2n (2x) = 34, 34, 2n (3x) = 51, 2n (4x) = 68.

Standort: Auf frischen bis mäßig trockenen, nährstoff- und basenreichen, humosen, tiefgründigen Lehmböden. Da die Sippe +/- schattenverträglich ist, kommt sie in Tieflagen (Eichengebieten) in lichten Wäldern, insbesondere Eichen-Hainbuchenwäldern (Carpinion betuli), aber auch in dichten Hecken und Gebüschen, gerne unter Schirm, so vor allem in höheren Lagen, selten bis zerstreut vor. Steigt in Mitteleuropa bis ca. 1100 m NN, im Süden bis 1800 m NN hoch.

Verbreitung: Eurasiatischkontinental – ostsubmediterran, vom südlichen Skandinavien und Baltikum bis östlichen Frankreich, Balkan, Ukraine, Krim, Kaukasus und Türkei.

(3b) **Lindmans Weißdorn** (Tafel 34)

Crataegus rhipidophylla var. lindmanii (Hrabetová-Uhrová) Christensen 1992
(*C. lindmanii* Hrabetová 1968, *C. curvisepala* ssp. *lindmanii* [Hrabetová-Uhrová] Byatt 1974, *C. rosiformis* ssp. *lindmanii* [Hrabetová-Uhrová] Christensen 1985)

Gestalt: Blütenbecher verhältnismäßig groß, 3–5 mm lang, +/- deutlich zylindrisch und meist kahl. Kelchblätter 2–5 mm lang, schmal lanzettlich bis pfriemlich, schon früh nach der Blüte nach oben gerichtet oder zusammenneigend.
Früchte verhältnismäßig groß, 12–15 mm lang und 7–9 mm Durchmesser, zylindrisch, hell korallenrot, Kelchblätter stets aufrecht abstehend bis zusammenneigend.
Diese Varietät ist nur in fruchtendem Zustand leicht und sicher von der var. *rhipidophylla* zu unterscheiden; bei einiger Erfahrung, wenn auch etwas schwieriger und nicht ganz so sicher ist eine Unterscheidung schon im blühenden Zustande möglich.

Standort: Auf frischen bis mäßig trockenen, nährstoff- und basenreichen humosen, tiefgründigen Lehmböden, vorzugsweise in warmen Lagen. Die schattenverträgliche Sippe kommt in +/- warmen Tieflagen selten bis zerstreut in lichten Beständen des Waldlabkraut-Eichen-Hainbuchenwaldes (Galio sylvatici-Carpinetum) vor, als dessen regionale Kennart sie geradezu angesehen werden kann. Sie tritt aber auch in anderen lichten Laubwald-Gesellschaften auf. Nur äußerst selten findet man sie in Feldhecken, insbesondere in höheren Lagen. Sie ist deutlich seltener als die var. *rhipidophylla* und dürfte die seltenste unter den mitteleuropäischen Weißdornsippen sein. Steigt bis ca. 1100 m NN hoch.

Verbreitung: Gemäßigt kontinental, vom südlichen Skandinavien und dem Baltikum bis zum östlichen Frankreich und nördlichen Balkan.

Tafel 33

Fotos: Verena Mueller

Großkelchiger Weißdorn i.e.S.
Crataegus rhipidophylla var. rhipidophylla

Fotos: Verena Mueller

Lindmans Weißdorn
Crataegus rhipidophylla var. lindmanii

(4) **Bastard Weißdorn** (Tafel 35)

Crataegus x media Bechstein 1799
(*C. laevigata* x *monogyna*, *C.* x *ovalis* Kitaibel 1863, *C.* x *curonica* Cinovskis 1971)

Gestalt: Diese Hybride steht in ihrer Gestalt meist zwischen beiden Eltern, wenn auch einzelne Merkmale einem der beiden Eltern genähert sein können.
Sträucher oder seltener kleine Bäume, bis 7 m hoch. Zweige mit kurzen, bis zu 1,8 cm langen Dornen, Kurztriebe oft verdornend.
Blätter derb, oberseit +/- glänzend dunkelgrün, kahl oder behaart, unterseits meist hell bläulichgrün, flächig oder nur auf den Hauptadern bzw. in den Aderwinkeln behaart; 1,5–5 cm lang und 1–4,5 cm breit, eiförmig bis rhombisch, am Grunde keilförmig, kaum oder bis zur Hälfte der Blattspreite gelappt, Blattlappen wenig gesägt, ganzrandig oder an der Spitze fein gesägt.
Nebenblätter der blühenden/fruchtenden Kurztriebe 6–20 mm lang, meist fein und dicht gesägt mit meist mehr als 10 Zähnen, ohne Drüsenzähne. Blütenbecher 3–4 mm lang, kahl oder behaart. Kelchblätter 1,9–3,3 mm lang und 1,8–3,5 mm breit, breit dreieckig, meist so lang wie breit, stumpflich, abgerundet oder selten in einem stumpflichen Spitzchen endigend, oberseits kahl oder seidig behaart. Blüten mit 1 oder 2 Griffeln. Blütezeit April bis Juni.
Früchte verhältnismäßig klein, 5–11 mm lang und 5–10 mm im Durchmesser, rundlich bis walzlich, hell- oder dunkelrot, Kelchblätter zurückgeschlagen bis aufrecht abstehend, mit 1 oder 2 Steinen. Fruchtzeit August bis Oktober. Chromosomen 2n (2x) = 34.
Öfters ist der Bastard-Weißdorn, *C.* x *media*, nur schwierig von seinen Eltern zu unterscheiden, wenn einzelne Merkmale einem der beiden Eltern genähert sind. Immer ist er gegenüber *C. laevigata* durch hell bläulichgrüne Blattunterseiten, das Auftreten von 1-griffligen Blüten /1-steinigen Früchten und der bedornten Kurztrieben, gegenüber *C. monogyna* durch das Auftreten von 2-griffligen Blüten/2-steinigen Früchten, oberseits +/- behaarte Kelchblätter und die stark gesägten Nebenblätter der blühenden/fruchtenden Kurztriebe abzugrenzen.

Standort: Verhält sich ähnlich wie der Eingrifflige Weißdorn und ist eine Art der Schlehen-Gebüsche (Prunetalia spinosae). Steigt bis 1300 m NN hoch.

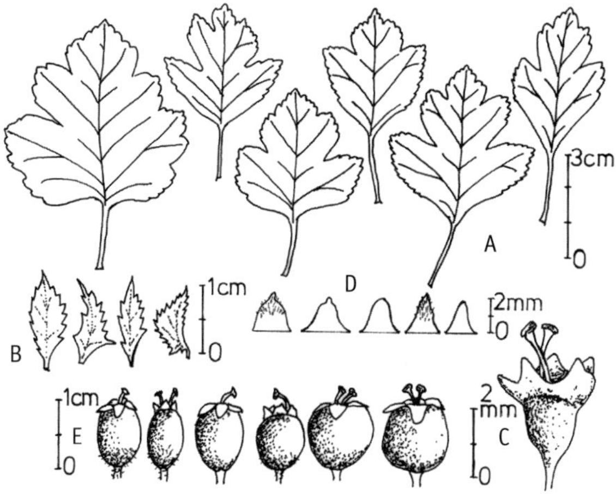

A: Blätter
B: Nebenblätter
C: Knospe und Blütenbecher (ohne Blüten- und Staubblätter)
D: Kelchblätter
E: Früchte

(4) Bastard Weißdorn

Tafel 35

Fotos: Verena Mueller

Bastard Weißdorn
Crataegus x *media*

Der Bastard-Weißdorn ist verhältnismäßig selten, weil der Eingrifflige Weißdorn als ein Elternteil später blüht als der andere Elternteil, der Zweigrifflige Weißdorn. Es wurden in einzelnen Gebieten bei gleicher Höhenlage und bei gleichem (Klein-)Klima Unterschiede in der Blütezeit von 5–25 Tagen beobachtet.

Verbreitung: Subatlantisch-submediterran, von England, Frankreich, dem südlichen Skandinavien und dem Baltikum bis in das nördliche Südeuropa (gemeinsames Verbreitungsgebiet von *C. laevigata* und *C. monogyna*).

Anmerkung: Im Gebiet nur *C.* x *media* nothovar. *media* (*C. laevigata* x *C. monogyna* var. *monogyna*), *C.* x *media* nothovar. *sicula* (Koch) Christensen 1992, *C. laevigata* x *C. monogyna* var. *lasiocarpa* nur im Mediterrangebiet.

(5) Großfrüchtiger Weißdorn – Gesamtsippe

Crataegus x **macrocarpa** Hegetschweiler in Hegetschweiler & Heer 1840, (*C. laevigata* x *C. rhipidophylla*)

Gestalt: Bei *C.* x *macrocarpa* handelt es sich um eine Gruppe von hybridogenen Sippen, die in manchen Merkmalen verhältnismäßig einheitlich zwischen den beiden Eltern steht, so vor allem bei den Blattmerkmalen, während andere Merkmale auch einem der beiden Eltern genähert sein können.
Blätter oberseits +/- glänzend dunkelgrün und +/- kurz behaart, entlang den Hauptadern, unterseits blassgrün, in den Aderwinkeln +/- behaart, 2–5,5 cm lang und 1,5–5 cm breit, breit eiförmig, am Grund keilförmig, mit beiderseits 1–3, oft bis zur Hälfte eingeschnittenen, +/- spitzen Lappen, die am Rande oft bis zur Basis fein und scharf gesägt sind.
Nebenblätter der blühenden/fruchtenden Kurztriebe 6–18 mm lang, breit lanzettlich bis breit sichelförmig, dicht gesägt mit 13–51 Zähnen, teilweise mit zarten Drüsenzähnen.
Blütenbecher 3–5 mm lang, kahl oder +/- kurz behaart. Kelchblätter 1,8–5 mm lang und 1,5–2,5 mm breit, aannähernd dreieckig und

spitz, darunter wenigstens ein Teil pfriemlich (erheblich länger als breit), zum Teil anliegend behaart. Blüten mit 1 oder 2 Griffeln. Blütezeit Mai bis Juni.
Früchte verhältnismäßig groß, 10–15 mm lang und 8–10 mm im Durchmesser, vielgestaltig (vgl. folgende Nothovarietäten 5a und 5b), am Grunde hin und wieder mit Buckeln und Wulsten oder mit abgeflachten Seiten, kahl oder etwas behaart, 1 oder 2 Steine. Fruchtzeit August bis Oktober.
Immer wieder gibt es Exemplare des Großfrüchtigen-Weißdorns, *C.* x *macrocarpa*, die schwierig von ihren Eltern zu unterscheiden sind, weil einzelne Merkmale einem der beiden Eltern genähert sind. Sie können gegenüber dem Zweigriffligen Weißdorn, *C. laevigata*, durch das Auftreten von 1-griffligen Blüten/1-steinigen Früchten und von mehrfach länger als breiten Kelchblättern, gegenüber dem Großkelchigen-Weißdorn, *C. rhipidophylla*, durch das Auftreten von 2-griffligen Blüten/2-steinigen Früchten und teilweise anliegend behaarten und kürzeren Kelchblättern abgegrenzt werden. Es ist aber ausdrücklich darauf hinzuweisen, dass die 1- und 2-griffligen Blüten/1- und 2-steinigen Früchte und die mehrfach längeren als breiten bzw. kurzen und teilweise anliegend behaarten Kelchblätter nicht gleichmäßig auf die Einzelblütenstände verteilt sind, weshalb mehrere zu untersuchen sind. Es finden sich dann immer einzelne Blüten/Früchte mit den entscheidenden Merkmalen. Die unter *C.* x *macrocarpa* zusammengefassten verschiedenen Nothomorphen sind mit den unterschiedlichsten Namen beschrieben worden, obwohl sie sich – mindestens morphologisch – meistens kaum oder nicht unterscheiden lassen. Sinnvoll erscheint es, Christensen 1992 folgend, die Vielzahl der Formen in den beiden folgenden Nothovarietäten (siehe 5a und 5b) zusammenzufassen, die steril nicht, gut und sicher nur an den Früchten zu unterscheiden sind.

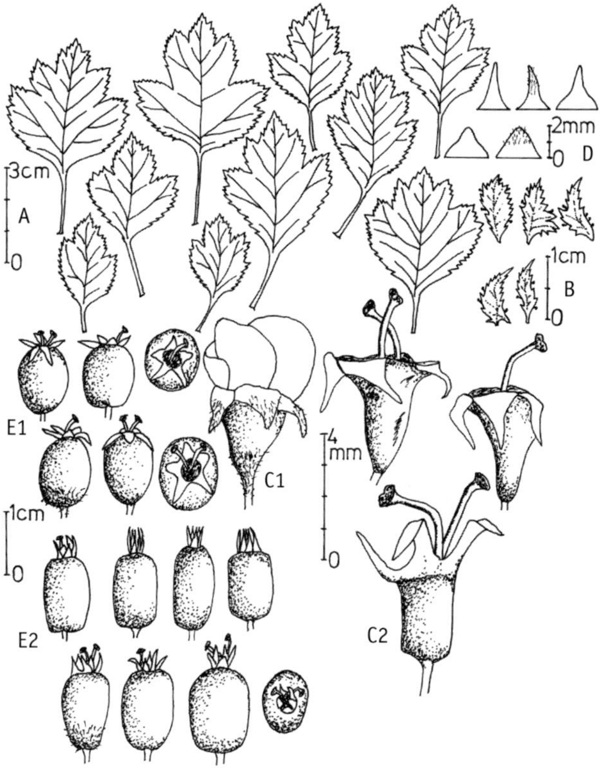

Großfrüchtiger Weißdorn (*Crataegus* x *macrocarpa*):
A: Blätter, B: Nebenblätter, D: Kelchblätter
Großfrüchtiger Weißdorn i.e.S. (*C.* x *macrocarpa* nothovar. *macrocar.*):
C1: Knospe und Blütenbecher (ohne Blüten- und Staubblätter)
E1: Früchte

Geradkelchiger Weißdorn (*C.* x *macrocarpa* nothovar. *hadensis*):
C2: Blütenbecher (ohne Blüten- und Staubblätter)
E2: Früchte

(5) Großfrüchtiger Weißdorn

Tafel 36

Fotos: Verena Mueller

Großfrüchtiger Weißdorn i.e.S.
Crataegus x *macrocarpa* nothovar. *macrocarpa*

Fotos: Verena Mueller

Geradkelchiger Weißdorn
Crataegus x *macrocarpa* nothovar. *hadensis*

(5a) Großfrüchtiger Weißdorn i.e.S. (Tafel 36)

Crataegus x macrocarpa nothovar. macrocarpa
(*C. laevigata* x *C. rhipidophylla* var. *rhipidophylla*, *C. schumacheri* Raunkiaer 1925, *C. macrocarpa* var. *curvisepaloides* Hrabetová-Uhrová 1969, *C.* x *pseudooxyacantha* Cinovskis 1971, *C.* x *kupfferi* Cinovskis 1971, *C.* x *Uhrovae* Soó 1973, *C.* x *pyricarpa* Doll 1974)

Gestalt: Ist ausgezeichnet durch große, kugelige bis breit elliptisch, nicht zylindrische Früchte von kräftig roter bis dunkelroter Farbe. Die teils mehrfach länger als breiten, teils +/- breit dreieckigen Kelchblätter sind meist zurückgebogen oder stehen +/- waagrecht ab; da bei *C. laevigata* aber auch aufgerichtete Kelchblätter vorkommen, können sie bei der vorliegenden Sippe gelegentlich ebenfalls +/- aufgerichtet sein.
Chromosomen 2n (3x) = 51, 2n (4x) = 68.

Standort: Auf frischen, nährstoff- und basenreichen, humosen, tiefgründigen Böden ist der Weißdorn in Hecken und Gebüschen weit verbreitet, oft sogar häufiger als der Zweigrifflige Weißdorn, *C. laevigata*; er ist ausgeprägt eine Art der Schlehen-Gesellschaften (Prunetalia spinosae). In lichten Laubwäldern auf nährstoffreichen Standorten (Fragetalia sylvaticae) kommt er dagegen höchstens zerstreut vor. Steigt bis ca. 1000 m NN hoch.

Verbreitung: Subatlantisch-mitteleuropäisch, vom südlichen Skandinavien und dem Baltikum bis Nordostfrankreich und Zentraleuropa.

(5b) Geradkelchiger Weißdorn (Tafel 37)

Crataegus x macrocarpa nothovar. hadensis (Hrabetová-Uhrová) Christensen 1992 (*C. laevigata* x *C. rhipidophylla* var. *lindmanii*, *C. calciphila* var. *hadensis* Hrabetová-Uhrová 1973, *C. calycina* Petermann 1846, Hrabetová-Uhrová 1956/8, *C.* x *roubalii* Chrtek & Krisa 1976, C. *brandenii* Doll 1976)

Gestalt: Gegenüber der vorhergehenden Sippe besitzt Lindmans Großkelchiger-Weißdorn große, ausgeprägt zylindrische Früchte von korallenroter Farbe. Die teils mehrfach länger als breiten, teils +/- breit

dreieckigen Kelchblätter sind immer aufrecht abstehend oder zusammenneigend.
Chromosomen 2n (2x) = 34, 2n (3x) = 51, 2n = 52.

Standort: Auf frischen bis mäßig trockenen, nährstoff- und basenreichen humosen, +/- tiefgründigen Böden in warmer Lage kommt diese Sippe ziemlich häufig in lichten Eichen-Hainbuchenwäldern (Carpinion betuli), vor allem im Waldlabkraut-Eichen-Hainbuchenwald (Galio sylvatici-Carpinetum) vor, als dessen regionale Kennart sie anzusehen ist; hier ist sie sogar häufiger als Lindmans Weißdorn, *C. rhipidophylla* var. *lindmanii*, und ein guter Teil der Verbreitungsangaben über diesen dürften sich auf *C.* x *macrocarpa* nothovar. *hadensis* beziehen. Sie ist auch in Waldmänteln des Waldlabkraut-Eichen-Hainbuchenwalds (meist Schlehen-Liguster-Gebüsch, Pruno-Ligustretum) sowie in anderen thermophilen Waldgesellschaften, z. B. im Seggen-Buchenwald (Carici-Fagetum) zerstreut zu finden, während sie in Feldhecken, vor allem in höheren Lagen, ausgesprochen selten ist. Steigt bis 1000 m NN hoch.

Verbreitung: Mitteleuropäisch, vom südlichsten Skandinavien bis Zentraleuropa.

(6) Verschiedenzähniger Weißdorn Gesamtsippe

Crataegus x subsphaerica Gandoger 1871
(*C. monogyna* x *C. rhipidophylla*, *C.* x *kyrtostyla* Fingerhuth 1829, *C.* x *heterodonta* Pojarkova 1965)

Gestalt: Auch beim Verschiedenzähnigen Weißdorn handelt es sich um einen morphologisch kaum oder nicht zu unterscheidenden Hybridenkomplex. Sträucher oder kleine Bäume bis 8 m hoch.
Zweige mit +/- kräftigen Dornen, Kurztriebe stark verdornend. Blätter derb, oberseits dunkelgrün und entlang den Hauptadern +/- behaart, unterseits blassgrün bis bläulichgrün und in den Aderwinkeln +/- behaart; 1,5–7 cm lang und 1,5–6 cm breit, eiförmig bis rhombisch, am Grunde keilförmig, mit beiderseits 2–3, bis zur Hälfte eingeschnittenen, +/- spitzlichen, an der Spitze und am Rand fein gesäg-

ten Blattlappen (mindestens Rand des untersten Blattlappens gegen den Blattstiel).
Nebenblätter des blühenden/fruchtenden Kurztriebe 3–16 mm lang, breit sichelförmig bis lineal, ganzrandig bis grob gesägt, immer mit +/- zahlreichen zarten, häufig hinfälligen Drüsenzähnen.
Blütenbecher 3–5 mm lang, kahl oder +/- behaart. Kelchblätter 1,8–5 mm lang und 1,8–3 mm breit, immer ein Teil länger als breit und spitz, ein teil breit dreieckig (+/- so lang wie breit), stumpflich abgerundet oder in einem stumpflichen Spitzchen endigend, kahl. Die unterschiedlichen Kelchblätter können an einer Blüte gemischt oder an verschiedenen Blüten auftreten. Blüten immer mit 1 Griffel. Blütezeit Mai bis Juni.
Früchte 7–12 mm lang und 5–10 mm im Durchmesser, vielgestaltig (vgl. die folgenden Nothovarietäten, siehe 6a und 6b), kahl oder etwas behaart, stets mit 1 Stein. Fruchtzeit August bis Oktober.

Die Unterscheidung des Verschiedenzähnigen Weißdorns, *C.* x *krystostyla*, von seinen Eltern ist nicht immer einfach, da einzelne Merkmale einem der beiden Eltern genähert sein können, vor allem aber weil beide Eltern 1-grifflige Blüten / 1-steinige Früchte besitzen. Gegenüber dem Eingriffligen Weißdorn, *C. monogyna*, kann er abgegrenzt werden durch die fein gesägten Ränder der Blattlappen (mindestens am untersten Blattlappen gegen den Blattstiel), die zarte Drüsenzähne tragenden Nebenblätter der blühenden/fruchtenden Kurztriebe und das Auftreten von einzelnen wesentlich länger als breiten, lanzettlich bis pfriemlichen Kelchblättern an einer Blüte/Frucht gemischt oder an verschiedenen Blüten/Früchten. Gegenüber dem Großkelchigen Weißdorn, *C. rhipidophylla*, kann er durch die bis auf den untersten Blattlappen teilweise glatten Blattlappenränder, die neben zarte Drüsenzähne tragenden und nur wenig grob gesägten oder sonst glattrandigen Nebenblätter der blühenden/fruchtenden Kurztriebe und das Auftreten von so langen wie breiten, dreieckigen, stumpflichen Kelchblättern an einer Blüte/Frucht gemischt oder an verschiedenen Blüten/Früchten abgegrenzt werden.

Wie beim Großfrüchtigen Weißdorn, *C.* x *macrocarpa*, sind auch die unter *C.* x *kyrtostyla* zusammengefassten Namen beschrieben worden, ob-

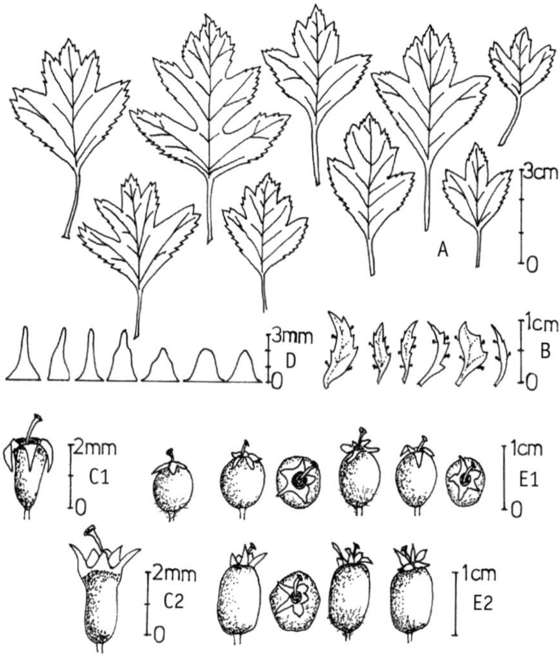

Verschiedenzähniger Weißdorn (*Crataegus* x *subsphaerica*):
A: Blätter, B: Nebenblätter, D: Kelchblätter

Typischer Verschiedenzähniger Weißdorn
(*C.* x *subsphaerica* nothovar. *subsphaerica*):
C1: Blütenbecher (ohne Blüten- und Staubblätter)
E1: Früchte

Krummkelchiger Weißdorn (*C.* x subsphaerica nothovar. *domicensis*):
C2: Blütenbecher (ohne Blüten- und Staubblätter)
E2: Früchte

wohl sie sich – mindestens morphologisch – ebenfalls kaum oder nicht unterscheiden lassen. Sie lassen sich nach Christensen 1992 sinnvoll in die beiden folgenden Nothovarietäten (siehe 6a und 6b) gliedern, die ebenfalls steril nicht, an den Blüten schwierig und nur mit viel Übung, gut und sicher nur an den Früchten zu unterscheiden sind.

(6a) Verschiedenzähniger Weißdorn i.e.S. (Tafel 38)

Crataegus x subsphaerica nothovar. subsphaerica
(*Crataegus* x *kyrtostyla* nothovar. *kyrtostyla*, *C. monogyna* x *C. rhipidophylla* var. *rhipidophylla*, *C.* x *monoli* Doll 1974, *C.* x *curcina* Doll 1974

Gestalt: Früchte klein bis groß, kugelig bis breit, elliptisch, dunkelrot. Kelchblätter an Frucht meist zurückgebogen oder waagrecht abstehend; da bei *C. monogyna* auch aufgerichtete Kelchblätter vorkommen, können sie bei der vorliegenden Sippe gelegentlich ebenfalls +/- aufgerichtet sein.
Chromosomen 2n (2x) = 2n (4x) = 68.

Standort: Hat entsprechende Ansprüche wie der Eingrifflige Weißdorn, *C. monogyna*. Ist deshalb schwerpunktmäßig eine seltene bis zerstreut vorkommende Art der Schlehen-Gesellschaften (Prunetalia spinosae), kommt aber selten auch in lichten wärmeliebenden, mesophytischen Laubwäldern (Fagetalia sylvaticae) und in xerothermen Eichenmischwäldern (Quercetalia pubescenti-petraeae) vor, während er schattigere Wälder +/- meidet. Steigt in Mitteleuropa ca. bis 1100 m NN, im Süden bis 1800 m NN hoch. Wurde und wird häufig wie der Eingrifflige Weißdorn, *C. monogyna*, als (Schnitt-)Hecke an Grundstücksgrenzen, entlang von Bahnlinien und Straßen angepflanzt. Hier und in Dorfnähe (frühere Pflanzungen?) sind diese beiden meist die einzigen Weißdorn-Sippen. Sie werden in den Baumschulen nicht unterschieden und beide als »*C. monogyna*« gehandelt.

Verbreitung: Eurasiatisch-ostsubmediterran, vom südlichen Skandinavien und dem Baltikum bis ins östliche Frankreich, durch Zentraleuropa bis in den Balkan, Krim, Kaukasus und Türkei verbreitet.

(6b) Krummkelchiger Weißdorn (Tafel 38)

Crataegus x subsphaerica nothovar. domicensis
(*C. monogyna* x *C. rhipidophylla* var. *lindmanii*, *C. domicensis* Hrabetová-Uhrová 1969, *C.* x *kyrtostyla* nothovar. *domicensis* Christensen 1985)

Gestalt: Früchte +/- groß, breit, elliptisch bis zylindrisch, blassrot bis rot. Die meisten Kelchblätter an Früchten aufrecht abstehend oder zusammenneigend.
Chromosomen: 2n (2x) = 34, 2n (3x) = 51.

Standort: Hat ähnliche Standortansprüche wie Lindmans Weißdorn, *C. rhipidophylla* var. *lindmanii*, und Lindmans Großkelchiger Weißdorn, *C.* x *macrocarpa* nothovar. *hadensis*. Kommt als +/- schattenverträgliche Sippe deshalb bevorzugt in lichten Eichen-Hainbuchenwäldern (Carpinion betuli), regional insbesondere in Waldlabkraut-Eichen-Hainbuchenwäldern (Galio sylvatici-Carpinetum) verhältnismäßig selten vor. Vielleicht mag auch seine bisherige seltene Beobachtung damit zusammenhängen, dass er schwierig von den vorher genannten Weißdorn-Sippen zu unterscheiden ist. Deshalb kann in deren Verbreitungsangaben auch das eine oder andere Vorkommen von *C.* x *subsphaerica* nothovar. *domicensis* stecken.

Unterschiede zu *C. rhipidophylla* var. *lindmanii* sind vor allem das Auftreten unterschiedlich langer Kelchblätter.
Unterschied zu *C.* x *macrocarpa* nothovar. *hadensis*, mit dem er die unterschiedlich langen Kelchblätter gemeinsam hat, ist in erster Linie das ausschließliche Vorhandensein von nur 1-griffligen Blüten/1-steinigen Früchten.

Verbreitung: unklar; wurde bisher im südlichen Schweden, Dänemark, östlichen Frankreich, Deutschland, Schweiz, Polen, Tschechien und Slowakei beobachtet.

Tafel 38

Verschiedenzähniger Weißdorn i.e.S.
Crataegus x *subsphaerica* nothovar. subsphaerica

Fotos: Verena Mueller

Krummkelchiger Weißdorn
Crataegus x *subsphaerica* nothovar. *domicensis*

4. Pflanzungen in der freien Landschaft

Liste der für Pflanzungen in der freien Landschaft in Frage kommenden Strauch- und Baumarten sowie ihre Standortansprüche (von Theo Müller)

Bei den für Pflanzungen in der freien Landschaft in Frage kommenden Strauch- und Baumarten wurde möglichst Vollständigkeit angestrebt. Hinsichtlich ihrer Standortsbereiche kann hier allerdings nur eine gedrängte Übersicht gegeben werden; wegen der Einzelheiten muss auf die Spezialliteratur verwiesen werden, z.B. *E. Oberdorfer* und *Th. Müller* 1994, oder *H. Ellenberg* und andere 1991. Für die Kennzeichnung der einzelnen Standortsfaktoren werden Ziffern verwendet, die in einfacher Form das Wesentliche wiedergeben.
In die Liste wurden auch einige wenige, nicht heimische Arten aufgenommen, die mehr oder weniger eingebürgert sind, in der freien Landschaft aber dennoch nur bedingt zu verwenden sind wie z.B. im Zusammenhang mit Bauten wie Votiv- oder Feldkapellen oder Ähnlichem. Diese Arten sind in Klammern gesetzt.
Wie schon in der Einleitung erwähnt, ist es nicht möglich, die Verbreitungsgebiete der einzelnen Arten darzustellen. Deshalb wurden die Arten, die ein begrenztes Verbreitungsgebiet aufweisen, in dem sie nur verwendet werden sollten, mit einem ! versehen. In diesem Falle sollte man sich mit Hilfe eines Verbreitungsatlanten (z.B. *H. Haeupler* und *P. Schönfelder* 1989, *E. W. Raabe* 1987, P. *Schönfelder* und *A. Bresinsky* 1990, *Beukert/Fukarek/Korsch* 1996) oder eines Florenwerks mit detailierten Verbreitungsangaben (z.B. *O. Sebald*, *S. Seybold* und *G. Philippi*) über die Verbreitung der betreffnden Arten orientieren.
Ist es nicht möglich, bei einer Art mit begrenztem Verbreitungsgebiet deren Verbreitung genau festzustellen, oder besteht über ihr Vorkommen in einer Einzellandschaft Unklarheit, dann sollte die betreffende Art bei Pflanzungen in der Landschaft dort am besten nicht verwendet werden.

Verwendete Abkürzungen:

( ) nicht heimische Art, die in der freien Landschaft nur bedingt zu verwenden ist

! Art mit begrenztem Verbreitungsgebiet

Standortsbereiche:

L Licht
- 1 schattige Lage
- 2 halbschattige Lage
- 3 lichte (sonnige) Lage

F
- 1 trockene Lage
- 2 frisch-feuchte Lage
- 3 nasse Lage

R Bodenreaktion
- 1 saurer Boden
- 2 +/- neutraler (schwach saurer–schwach basischer) Boden
- 3 basischer, +/- kalkreicher Boden

N Nährstoffe
- 1 nährstoffarmer Bodern
- 2 mittlerer Nährstoffgehalt des Bodens
- 3 +/- nährstoffreicher Boden

T Temperatur
- 1 kühle Lagen (montan-subalpiner Bereich)
- 2 mäßig warme Lagen (Tieflagen–submontaner Bereich)
- 3 warme Lagen
- 4 besonders warme Lagen (Weinbaulagen)
- w wintermilde Lagen

Lateinischer Name	Deutscher Name	Wuchshöhe in m	**L**	**F**	**R**	**N**	**T**
Sträucher und Laubbäume							
Acer campestre L.	Feld-Ahorn	5–15	2–3	2	2–3	2	2–3
! Acer monspessulanum L.	Französischer Ahorn	3–10	2–3	1	2–3	2	4
! Acer platanoides L.	Spitz-Ahorn	20–30	1–2	1–2	2–3	2	2
Acer pseudoplatanus L.	Berg-Ahorn	20–30	1–2	2	2–3	2	1–2
(Aesculus hippocastanum L.)	Rosskastanie	15–25	1–3	2	2	2	3
Alnus glutinosa (L.) Moench	Schwarz-Erle	10–20	1–3	3	1–2	1–3	2
! Alnus incana (L.) Moench	Grau-Erle	5–15	2–3	2	3	1–3	1–2
! Alnus viridis (Chaix) DC.	Grün-Erle	3–5	2–3	2–3	1–2	3	1
! Amelanchier ovalis Med.	Felsenbirne	1–2	3	1	1–3	1	2–3
! Berberis vulgaris L.	Sauerdorn, Berberitze	1–2	2–3	1	2–3	1	2–4
Betula pendula Roth	Hänge-Birke	10–20	2–3	1–2	1–2	1–2	1–2
Betula pubescens Ehrh.	Moor-Birke	10–20	2–3	3	1–2	1	1–2
Carpinus betulus L.	Hainbuche	15–20	1–3	1–3	2–3	2–3	2–3
! Castanea sativa Mill.	Edelkastanie	15–25	2–3	1–2	1–2	1–2	4, w
! Colutea arborescens L.	Blasenstrauch	1–5	2–3	1	3	1	4, w
! Cornus mas L.	Kornelkirsche	3–8	2–3	1	3	2	3
Cornus sanguinea L.	Roter Hartriegel	2–5	2–3	1–2	2–3	1–3	2–3
! Coronilla emerus L.	Strauchwicke	1–2	2–3	1	3	1–2	3–4
Corylus avellana L.	Haselstrauch	2–8	2–3	1–2	2–3	2	2
! Cotoneaster intergerrima Med.	Gew. Zwergmispel	1–2	3	1	2–3	1	2–3
Crataegus laevigata (Poir) DC.	Zweigriffliger Weißdorn	2–8	2–3	2	2–3	2	2–3

Lateinischer Name	Deutscher Name	Wuchshöhe in m	L	F	R	N	T
Crataegus x macrorcarpa Hegetschw.	Großfrüchtiger Weißdorn	2–5	2–3	2	2–3	2	2–3
Crataegus x media Bechst.	Bastard-Weißdorn	2–7	3	1–2	2–3	2	2–3
Crataegus monogyna Jacq.	Eingriffliger Weißdorn	2–10	3	1–2	2–3	2	2–3
Crataegus rhipidophylla Gand.	Großkelchiger Weißdorn	1,5–5	1–2	2	2–3	2	2–3
Crataegus x subsphaerica Gandoger	Verschiedenzähniger Weißdorn	2–8	3	1	2–3	1	2–3
! Cystisus nigricans L.	Schwarzwerdender Geißklee	0,5 –1,5	2–3	1	1–3	1	2–3
Daphne mezereum L.	Kellerhals, Gemeiner Seidelbast	0,5 – 1,5	1–2	2	2–3	2	1–3
Euonymus europaeus L.	Gew. Pfaffenhütchen	1–5	2–3	2	3	2	2–3
! Euonymus latifolius (L.) Mill.	Breitblättriges Pfaffenhütchen	2–6	1–2	2	3	2	2
Fagus sylvatica L.	Rot-Buche	20–30	1–3	2	1–3	1–3	2
Frangula alnus Mill.	Faulbaum	2–4	2–3	3	1–2	1	1–2
Fraxinus excelsior L.	Esche	20–30	1–3	2	2–3	2–3	2–3
! Hippophaë rhamnoides L.	Sanddorn	2–5	3	1	3	1	2–3
! Ilex aquifolium L.	Stechpalme	2–10	1–3	2	1–2	1–2	2, w
(Juglans regia L.)	Walnussbaum	15–25	2–3	2	2–3	3	3, w
Ligustrum vulgare L.	Liguster	1–5	2–3	1	2–3	1	3
! Lonicera alpigena L.	Alpen-Heckenkirsche	1–2	1–2	2	3	2–3	1
! Lonicera nigra L.	Schwarze Heckenkirsche	1–2	1–2	2	2	1	1
Lonicera xylosteum L.	Rote Heckenkirsche	1–2	1–2	2	2–3	2	2–3
Malus sylvestris (L.) Mill.	Holz-Apfel, Wild-Apfel	3–8	2–3	2	2–3	2	3
! Mespilus germanica L.	Echte Mispel	1–4	2–3	1–2	2	2–3	4, w

Lateinischer Name	Deutscher Name	Wuchs-höhe in m	**L**	**F**	**R**	**N**	**T**
(Platanus x hybrida Brot.)	Bastard-Platane	10–30	2-3	2	2	3	4, w
! Populus alba L.	Silber-Pappel	20–30	2-3	2	3	2	3–4
(Populus x canadensis Moench sowie deren Klone)	Kanadische Pappel	15–30	2-3	2–3	2–3	3	2–3
! Populus x canescens Sm.	Grau-Pappel	15–25	2-3	1–2	3	2	3–4
! Populus nigra L.	Schwarz-Pappel	20–30	2-3	2–3	2–3	3	2–3
(Populus nigra ssp. italica [Rozier] Celak)	Pyramiden-Pappel	20–30	2-3	2–3	2–3	3	2–3
Populus tremula L.	Zitter-Pappel, Aspe	10–25	2-3	2	1–2	1–2	1–2
Prunus avium L.	Vogel-Kirsche	10–25	1-3	2	2–3	2	2–3
(Prunus cerasus L.)	Sauer-Kirsche	2–10	2-3	2	2	2	3
! Prunus fruticosa Pall.	Zwerg-Kirsche	0,5 –1,5	3	1	3	1–2	4
! Prunus mahaleb L.	Felsen-Kirsche, Steinweichsel	1–6	2-3	1	3	1	3–4
Prunus padus L.	Gew. Trauben-Kirsche	5–15	2-3	3	2–3	2	2–3
Prunus spinos L.	Schwarz- oder Schlehdorn	2–3	3	1–2	2–3	2	2–3
Pyrus pyraster Burgsd.	Holz-Birne, Wild-Birne	8–15	2-3	2	3	2	2–3
Quercus petraea (Mattuschka) Liebl.	Trauben-Eiche	20–30	2-3	1–2	1–3	2	2–3
! Quercus pubescens Willd.	Flaum-Eiche	5–20	2-3	1	2–3	2	4
Quercus robur L.	Stiel-Eiche	20–30	2-3	1–3	1–3	1–3	2–3
Rhamnus cathartcus L.	Echter Kreuzdorn	2–4	2-3	1–2	3	2	2–3
! Rhamnus saxatilis Jacq.	Felsen-Kreuzdorn	0,5–1	3	1	3	1	2–3
! Ribes alpinum L.	Berg-Johannis-beere	1–2	1-2	1-2	3	2–3	1–2
Ribes uva-crispa L.	Wilde Stachel-beere	1–1,5	1-2	1-2	2–3	2–3	1–2

Lateinischer Name	Deutscher Name	Wuchs-höhe in m	L	F	R	N	T
(Robinia pseudacacia L.)	Robinie	10–20	2–3	1	2–3	2–3	2–3
! Rosa agrestis Savi	Feld-Rose	1–2	3	1	3	1–2	2–3
! Rosa arvensis Huds.	Kriechende Rose	0,5–1	2–3	2	2	2	2–3
! Rosa caesia Sm.	Leder-Rose	1–2	3	1	3	1–2	1–2
Rosa canina L. grp.	Hunds-Rose	1–3	3	1–2	2–3	2–3	2–3
Rosa corymbifera Borkh.	Busch-Rose	1–3	3	1–2	2–3	2	2–3
! Rosa dumalis Bechstein	Vogesen-Rose	2-3	2–3	2	2–3	1–2	1–2
! Rosa elliptica Tausch	Keilblättrige Rose	1–2	3	1	3	1–2	2–3
! Rosa gallica L.	Essig-Rose	0,5–1	2–3	1–2	2	2	3
! Rosa glauca Pourret	Rotblättrige Rose	1–2	3	1	2–3	1–2	2–3
! Rosa jundizillii Besser	Raublättrige Rose	1–3	3	1	3	2	3–4
! Rosa majalis Herrm.	Mai-Rose, Zimt-Rose	0,5–2	2–3	2	3	1–2	2
! Rosa micrantha Borr. ex Sm.	Kleinblütige Rose	1–2	3	1	3	1–2	2–3
! Rosa pendulina L.	Alpen-Heckenrose	1–1,5	1–2	2	2–3	2	1–2
Rosa pseudoscabriuscula He. + Sch. 1993	Kratz-Rose	1–2	3	1–2	3	2	2–3
! Rosa rubiginosa L.	Wein-Rose	1–2	2–3	1	3	1–2	2–3
! Rosa sherardii Davies	Samt-Rose	1–2	3	1–2	3	2	1–2
! Rosa spinosissima L.	Bibernell-Rose	0,5–1	3	1	3	1–2	2–3
! Rosa stylosa Desv.	Griffel-Rose	1–2	2–3	1	3	1–2	3–4
Rosa subcanina (Christ) R. Keller	Fast-Hunds-Rose	1–3	3	1–2	2–3	1–2	2
Rosa subcollina (Christ) R. Keller	Fast-Busch-Rose	1–3	3	1–2	3	1–2	2
! Rosa tomentosa Sm.	Filz-Rose	1–2	3	1–2	2–3	1–2	2–3
! Rosa villosa L.	Apfel-Rose	1–2	2–3	1–2	3	1	1–2

Lateinischer Name	Deutscher Name	Wuchshöhe in m	**L**	**F**	**R**	**N**	**T**
Salix alba L.	Silber-Weide	10–20	2–3	3	3	3	1–3
! Salix appendiculata Vill.	Schlucht-Weide	2–4	1–2	2	3	2	1
! Salix arenaria L.	Sand-Weide	0,5–1	3	2	1–2	1	2
Salix aurita L.	Ohr-Weide	1–2	2–3	3	1–2	1	1–2
(Salix babylonica L.)	Trauer-Weide	10–18	2–3	2–3	3	2	2–3
Salix caprea L.	Sal-Weide	3–6	2–3	2	2–3	2–3	1–3
Salix cinerea L.	Grau-Weide, Asch-Weide	2–4	2–3	3	2–3	1–2	1–3
! Salix daphnoides Vill.	Reif-Weide	2–10	2–3	2–3	3	1–2	1–2
! Salix eleagnos Scop.	Lavendel-Weide	2–8	2–3	2–3	3	1–2	1–2
Salix fragilis L.	Bruch-Weide	8–20	2–3	3	2	2	2
! Salix nigricans Sm.	Schwarzwerdende Weide	2–6	2–3	2–3	3	2	1–2
! Salix pentandra L.	Lorbeer-Weide	4–12	2–3	3	2	1–2	2
Salix purpurea L.	Purpur-Weide	2–4	2–3	2–3	3	1–2	2–3
Salix x rubens Schrank	Hohe Weide	10–20	2–3	3	2–3	2	2–3
Salix triandra L.	Mandel-Weide	2–4	2–3	3	2–3	2	2–3
Salix viminalis L.	Korb-Weide	2–6	2–3	3	2–3	2	2–3
Sambucus nigra L.	Schwarzer Holunder	2–7	2–3	2	2–3	3	2–3
Sambucus racemosa L.	Trauben-Holunder	2–5	2	2	2	3	1–2
! Sarothamnus scoparius (L.) Wimm.	Besenginster	1–2	3	1–2	1–2	1–2	2, w
! Sorbus aria (L.) Crantz	Mehlbeere	6–15	2–3	1	2–3	1	1–3
Sorbus aucuparia L.	Eberesche, Vogelbeere	6–15	2–3	2	1–2	1–2	1–2
! Sorbus domestica L.	Speierling	6–18	2–3	1-2	3	1	4
(Sorbus intermedia [Ehrh.] Pers.)	Schwedische Mehlbeere	4–15	2–3	2	2	1	2
! Sorbus torminalis (L.) Crantz	Elsbeere	6–15	2–3	1–2	2–3	1–2	3–4

Lateinischer Name	Deutscher Name	Wuchs-höhe in m	L	F	R	N	T
! Staphylea pinnata L.	Pimpernuss	2–5	1–2	1–2	3	1–2	3
(Syringa vulgaris L.)	Gew. Flieder	2–6	2–3	1–2	2–3	2	3–4
Tilia cordata Mill.	Winter-Linde	20–25	2–3	1–2	1–3	2	2–3
Tilia platyphyllos Scop.	Sommer-Linde	20–30	1–2	2	2–3	2–3	2
! Ulmus glabra Huds.	Berg-Ulme	20–30	1–2	2	2–3	2–3	2
! Ulmus laevis Pall.	Flatter-Ulme	20–30	1–2	2–3	2	2–3	2–3
! Ulmus minor Vill.	Feld-Ulme	5–30	1–3	1–2	2–3	2	3
! Viburnum lantana L.	Wolliger Schneeball	1–4	2–3	1	3	1–2	2–4
Viburnum opulus L.	Gew. Schnee-ball	1–5	1–2	2–3	2	2	2–3
Kletternde Arten							
Clematis vitalba L.	Gew. Waldrebe	bis 15	2–3	2	2–3	2–3	2–3
Hedera helix L.	Efeu	bis 20	1–3	2	2–3	2	2, w
! Lonicera caprifo-lium L.	Jelängerje-lieber	bis 4	2–3	1	3	1	3
! Lonicera periclyme-num L.	Wald-Geißblatt	bis 4	2–3	1–2	1	2	2, w
! Vitis sylvestris C. Gmel.	Wild-Rebe	bis 20	2	2–3	3	2–3	4
Nadelbäume							
! Abies alba Mill.	Weiß-Tanne	20–40	bis 1	2	1–3	1–3	1–2
! Juniperus commu-nis L.	Gew. Wacholder	1–6	3	1	1–3	1–2	1–3
! Larix decidua Mill.	Europäische Lärche	20–35	2–3	1–2	1–3	1	1–3
! Picea abies (L.) Karst.	Gew. Fichte Rot-Tanne	20–40	1–2	2	1–2	1–2	1
! Pinus mugo Turra	Echte Legföhre	1–6	3	1–2	1–3	1	1
! Pinus rotunda-ta Link	Moor-Bergkiefer	1–15	3	3	1	1	1
! Pinus sylvestris L.	Wald-Kiefer	20–30	2–3	1–3	1–3	1–2	1–3
(Pinus nigra Arnold)	Schwarz-Kiefer	10–25	2–3	1	3	1	3
! Taxus baccata L.	Eibe	5–15	1–2	2	2–3	2	2

Foto: Theo Müller

Zweigriffliger Weißdorn
Crataegus laevigata

Literatur

Benkert, D., Fukarek und H. Korsch (1996): »Verbreitungsatlas der Farn- und Blütenpflenzen Ostdeutschlands (Mecklenburg-Vorpommern, Brandenburg, Berlin, Sachsen-Anhalt, Sachsen, Thüringen)«. 615 Seiten. Jena/Stuttgart/Lübeck/Ulm.

Buttler, K.-P. und H. Kalheber (2012): Weißdorne (Ctrataegus) im Taunus – ein erster Überblick. Geobot. Kolloq. 22, S. 25–31. Frankfurt a. M.

Christ, H. (1873): Die Rosen der Schweiz mit Berücksichtigung der umliegenden Gebiete Mittel- und Südeuropas. 219 Seiten. Basel.

Christensen, K. I. (1992): Revision of Crataegus (Rosaceae-Maloideae) in the Old World. Systematic Botany monographs volume 35, 199 pages. Michigan/USA.

Ellenberg, H. und andere (2001): Zeigerwerte von Pflanzen in Mitteleuropa. Scripta geobotanica 18, 261 Seiten. Göttingen.

Haeupler, H. und P. Schönfelder (1989): Atlas der Farn- und Blütenpflanzen der BRD. 2. Aufl. 768 Seiten. Stuttgart.

Henker, H. und G. Schulze (1993): Die Wildrosen des norddeutschen Tieflands. Gleditschia 21 (1), S. 3–22. Berlin.

Keller, R. und H. Gams (1923): Rosa in Hegi, G. (Hrsg.): Illustrierte Flora von Mittel-Europa. 1. Aufl. IV/2, S. 976–1052. München.

Lippert, W. (1978): Zur Gliederung und Verbreitung der Gattung Crataegus in Bayern. Berichte der Bayerischen Botanischen Gesellschaft Band 49, S. 165–198. München.

Müller, Th. (1982): Weißdorne und Rosen auf der Münsinger Alb. In: Münsingen. Geschichte, Landschaft, Kultur-Festschrift zum Jubiläum des württembergischen Landeseinigungsvertrags von 1482, S. 640–658. Sigmaringen.

Netzwerk Biodiversität Deutschland (2013): Verbreitungsatlas der Farn- und Blütenpflanzen Deutschlands. 912 Seiten. Münster i.W.

Nieschalk, Ch. (1989): Beiträge zur Kenntnis der Rosenflora Nordhessens VI, Die Formenkreise der Rosa canina-Gruppe. Philippia 6 (2), S. 155–199. Kassel. Hier auch die Angaben zu den »Beiträgen« I–V (1975–1986).

Oberdorfer, E. (2001): Pflanzensoziologische Exkursionsflora. 8. Aufl., 1051 Seiten. Stuttgart.

Oberdorfer, E., Th. Müller und P. Seibert (1992): Süddeutsche Pflanzengesellschaften. Wälder und Gebüsche. 2., stark bearbeitete Auflage. Textband 282 S., Tabellenband 580 S. Jena, Stuttgart, New York.

Raabe, E. W. (1987): Atlas der Flora Schleswig-Holsteins und Hamburgs. 654 Seiten. Herausgegeben von K. Dierssen und U. Mierwald, Neumünster.

Schönfelder, P. und A. Bresinsky (1990): Verbreitungsatlas der Farn- und Blütenpflanzen Bayerns. 752 Seiten. Stuttgart.

Schwertschlager, J. (1910): Die Rosen des südlichen und mittleren Frankenjura. 248 Seiten. München.

Sebald, O., S. Seybold und G. Philippi: Die Farn- und Blütenpflanzen Baden-Württembergs. Band 1 (1990), 613 Seiten. Band 2 (1990), 442 Seiten. Band 3 (1992), 483 Seiten, Band 4 (1992), 362 Seiten. Band 5 (1996), 539 Seiten. Band 6 (1996), 577 Seiten. Stuttgart. Band 7 (1998), 595 Seiten. Band 8 (1998), 540 Seiten.

Timmermann, G. (1992): Rosa L. In: Sebald, O., S. Seybold und G. Philippi: Die Farn- und Blütenpflanzen Baden-Württembergs. Band 3, S. 64–101. Stuttgart.

Wisskirchern, R. und H. Haeupler (1998): Standortliste der Farn- und Blütenpflanzen Deutschlands. 765 Seiten. Stuttgart.

Register der lateinischen und deutschen Pflanzennamen

Normal gedruckte Seitenzahlen weisen auf Erwähnungen im Text hin, fettgedruckte Seitenzahlen auf die ausführlichen Beschreibungen der Pflanzen, kursiv gedruckte Namen = lateinische Namen.

»**Blumenwiesen**« von Theo Müller

Mit einem Beitrag über die Tierwelt von Kurt H. Lessig

Das Buch vermittelt Kenntnisse aus der großen Artenvielfalt der Wiesenblumen und -tiere und weckt damit auch Bewunderung, Begeisterung und Liebe für diese.

2., durchgesehene und aktualisierte Auflage 2014 | 322 Seiten
Format 10,5 x 17 cm | elastischer Einband | mit 319 Farbfotos
und 42 Schwarzweiß-Abbildungen | ISBN 978-3-8062-2893-9
Herausgegeben vom Schwäbischen Albverein e.V.
Verlag des Schwäb. Albvereins e.V. | Tel: 0711-2 25 85-22
Email: verkauf@schwaebischer-albverein.de
Kommissionsverlag: Konrad Theiss Verlag in WBG, Darmstadt

Schwäbischer Albverein

Bunter Strauß an Freizeitangeboten

Der Schwäbische Albverein ist größter Wanderverein Europas, anerkannter Naturschutzverband und traditionsreicher Heimatverein. Auf dem Programm stehen abwechslungsreiche Aktivitäten und Veranstaltungen für Jung und Alt: von thematischen und sportlichen Wanderungen über naturkundliche Führungen und Blumenwiesenfesten bis hin zu Workshops sowie Kinder- und Volkstanzkursen.
Werden Sie Mitglied und profitieren auch Sie von den attraktiven Angeboten für Jung und Alt.

Informationen unter: **www.schwaebischer-albverein.de**

»Schwäbische Flora« von Theo Müller

Das schön gestaltete Buch ist für alle Liebhaber der heimischen Pflanzen und ihrer schwäbischen Namen eine wahre Fundgrube. Mehr als 500 meist weit verbreitete Pflanzenarten werden mit ihren volkstümlichen schwäbischen Namen vorgestellt, ihre Wuchsorte beschrieben und mit ausgewählten Farbfotografien abgebildet.

736 Seiten | Format 13,5 x 19,5 cm | fest gebunden | mit über 600 Farbfotografien | ISBN 978-3-8062-2552-5
Herausgegeben vom Schwäbischen Albverein e.V. (2011)
Verlag des Schwäb. Albvereins e.V. | Tel: 0711-2 25 85-22
Email: verkauf@schwaebischer-albverein.de
Kommissionsverlag: Konrad Theiss Verlag in WBG, Darmstadt

Naturschutzdienst im Schwäbischen Albverein e. V.

Naturschutzwarte des Schwäbischen Albvereins informieren über Pflanzen, Tiere, Biotope und die Schutzvorschriften, die für sie gelten. Sie kennen die Natur- und Landschaftsschutzgebiete, Naturdenkmale und geschützten Biotope ihrer eigenen Heimat und deren Besonderheiten. Sie unterrichten über den Schutz, den diese Gebiete genießen. Im Gespräch mit den Besuchern vor Ort werben sie für den Natur- und Umweltschutz und für einen sorgsamen Umgang mit unserer heimatlichen Landschaft. Missstände melden sie dem zuständigen Gaunaturschutzwart des Schwäbischen Albvereins oder den Naturschutzbehörden.

Der Schwäbische Albverein - tatkräftig für die Natur

Der Schwäbische Albverein steht für die Natur. Er vermittelt in vielfacher Weise Natureinsichten und Naturverstehen. Er tritt ein für ihren Schutz und für die Einhaltung der Schutzvorschriften. Seine Naturschutzmitarbeiter sind gefragte Spezialisten für die Pflanzen und Tiere unserer Heimat, für ihre Schönheit, ihre Bedrohung und ihr Weiterleben. Draußen in Wald und Heide, am Bach und Tümpel, beim Orchideenstandort und am Vogelnest achten sie auf den Schutz der Natur. Sie werben um Verständnis und vermitteln Einsicht.

Ein wichtiger Dienst für unsere Mitmenschen ...

Der Schwäbische Albverein und seine Naturschutzmitarbeiter leisten einen wichtigen und anerkannten Beitrag zur Erhaltung unserer heimatlichen Natur und Landschaft. Eine sinnvolle, interessante Aufgabe, die auch Sie im Kreise Gleichgesinnter erfüllen können!

Unterstützen auch Sie die Naturschutzarbeit des Schwäbischen Albvereins tatkräftig.
Werden Sie aktiver Naturschutzwart Ihrer Albvereinsortsgruppe!

Wenden Sie sich dazu an Ihre Ortsgruppe oder an das Referat Naturschutz des Schwäbischen Albvereins e. V.